MASSEY-FERGUSON
RD
LZ 28

Verlag Podszun-Motorbücher GmbH
Elisabethstraße 23-25, D-59929 Brilon
Email: info@podszun-verlag.de
Internet: www.podszun-verlag.de
Herstellung Druckhaus Cramer, Greven
ISBN 3-86133-362-7

Titelfotos: Horst Hintersdorf (oben links), Verlagsarchiv (oben rechts), Michael Kalcher (unten), Rückseite: Wolfgang Wagner

Jahrbuch 2005 Traktoren

PODSZUN

Liebe Leserin, lieber Leser!

Ein kleines Jubiläum steht an: Das Jahrbuch Traktoren erscheint in diesem Jahr zum zehnten Mal. Wieder hat das Redaktionsteam versucht, seinen Lesern einen möglichst vielseitigen Überblick aus dem großen Bereich der Traktoren zu vermitteln. Dank gilt an dieser Stelle allen Autoren und Bildgebern, die in den letzen Wochen und Monaten mit Engagement und viel Zeitaufwand gearbeitet haben, damit das Jahrbuch rechtzeitig zur Frankfurter Buchmesse erscheinen kann. Dank gilt aber auch Ihnen, liebe Leserin, lieber Leser, für Ihre Treue. Viele von Ihnen haben das Jahrbuch Traktoren bereits seit zehn Jahren ununterbrochen abonniert, andere erwerben es regelmäßig in einer Buchhandlung. Ihr Interesse an unseren Artikeln spornt uns an, immer wieder interessante Themen zu erarbeiten – auch dafür herzlichen Dank!

Wir wünschen Ihnen nun viel Vergnügen mit dem Jahrbuch Traktoren 2005 und nicht vergessen: das nächste Jahrbuch, die Ausgabe 2006, ist ab Oktober 2005 erhältlich. Falls Sie selbst einmal für das Jahrbuch schreiben wollen, Kritik oder Anregungen anbringen möchten, schreiben Sie uns bitte an die unten stehende Adresse. Wir freuen uns auf den Kontakt mit Ihnen.

Ihr Redaktionsteam „Jahrbuch Traktoren"

P.S.

Sie können das Jahrbuch Traktoren in Buchhandlungen oder direkt beim Verlag auch abonnieren. Von den älteren Ausgaben sind noch die Jahrgänge 1998, 2002 und 2003 lieferbar. Fordern Sie kostenlos und völlig unverbindlich unser Gesamtverzeichnis an mit Büchern über Baumaschinen, Lastwagen, Autos, Motorräder, Traktoren, Lokomotiven und Feuerwehrfahrzeuge:

Verlag Podszun-Motorbücher GmbH
Elisabethstraße 23-25, D-59929 Brilon, Telefon 02961 / 53213, Fax 02961 / 2508
Email: info@podszun-verlag.de, Internet: www.podszun-verlag.de

Lanz-Bulldogs

Die im Schatten stehen

von Michael Bach

Auf den ersten Blick nimmt sich diese Überschrift vielleicht seltsam aus, wie ein Widerspruch in sich, etwa vergleichbar mit: "Ein unwillkommener Sechser im Lotto". Denn oberflächlich betrachtet gilt heute wohl die Ansicht, daß alles, was Lanz Bulldog heißt, Kult ist, eine Premium-Marke sozusagen und auf jeden Fall etwas teurer gehandelt wird – nach oben offen auf der "Richter-Skala" der Oldtimerei unserer Tage. Bei näherer Untersuchung zeigt sich aber, daß die Sache so einfach dann doch nicht ist. Ausdrücklich sei betont, daß es bei dieser Darstellung ausschließlich um echte Bulldog-Typen, also um die klassischen Mannheimer mit dem liegenden Einzylinder und den markanten Schwungrädern links und rechts geht. Die Konfektionsschlepper der fünfziger Jahre aus dem gleichen Stall, mit MWM- oder Triumph-Motoren und ZF-Getrieben, sind hier nicht gemeint.

Also noch einmal: Bulldogs, die im Schatten stehen – gibt's die? Und ob es die gibt! Und nicht alle, die dieser Schatten trifft, haben diese Position verdient, ebensowenig wie die anderen, die im Licht, in jedem Fall zu den Glanzleistungen im Schlepperbau zählen. Das heutige Schattendasein bestimmter Modelle beginnt sogar relativ früh, bereits die klassische Glühkopf-Ära kennt reichlich Beispiele dafür.

Mit dem 20 PS Bauern-Bulldog D 3500 gelang Lanz der Durchbruch in dieser Klasse

Im Grunde kann jeder eisenbereifte Acker-Bulldog nach der Epoche der Kühler-Bulldogs HR 5, HR 6 und HN 1, also nach dem 15/30er, dem 22/38er und dem "echten" 12/20er, dazu gezählt werden. (Auch diese scheinen ja allein ihre relativ frühen Baujahre vor einem Schattendasein zu bewahren). Oder zieht etwa ein D 3500 mit seinen 20 PS, ohne elektrische Ausstattung, mit drei Gängen, Eisenrädern und Alu-Lenkrad, vielleicht sogar im unrestaurierten, aber gut erhaltenen Originalzustand heute bewundernde Blicke auf sich? Ist ein D 1500 – wenn es ihn überhaupt einmal geben sollte – nicht von vornherein dazu verurteilt, als 55er Eil-Klon zu enden?

Ohne auch nur den geringsten Gedanken daran zu verschwenden, welche Arbeitsleistung von solchen Maschinen ehemals erbracht wurden, wie unersetzlich sie auf vielen Höfen gewesen sind, werden die Acker-Bulldogs vom Gros der Sammler-Szene höchst geringschätzig beurteilt, interessant allenfalls als Teilespender oder, wenn der Gesamtzustand es zuläßt, für einen kompletten Umbau. Über diesen ziemlich traurigen Sachverhalt, der ganz das Gegenteil des hehren Ziels "Erhaltung landtechnischen Kulturgutes" darstellt, ist ja hier und da schon mal eine Meinung zu hören oder zu lesen gewesen. Auch der Verfasser dieser Zeilen hat sich dazu schon mehrmals eindeutig geäußert. Übrigens spielen auch Museen und ähnliche öffentliche Sammlungen in dieser Hinsicht nicht immer eine vorbildliche Rolle: hier wird zwar kaum ein verfälschen-

Die typischen Maschinen der großen Güter in den 30er Jahren: D 9500 oder D 1500

Ein mustergültiges, wenig gelaufenes Exemplar steht im Agrarmuseum Blankenhain

der Umbau vorgenommen werden, dafür läßt aber die geltende Museums-Philosophie so manche Maschine (nicht nur Schlepper, nicht nur von Lanz) dadurch im Schatten stehen, daß sie allzu oft im Zustand "wie aufgefunden", also meist völlig verrottet und Lichtjahre vom Zustand "betriebsbereit" entfernt im fernen Winkel eines unzugänglichen Magazins versteckt wird. Ehrlicherweise sei aber gesagt, daß es von dieser Regel auch Ausnahmen gibt, denken wir beispielsweise an den Kiekeberg, Hösseringen oder das kleine Agrarmuseum Wandlitz.

Dabei lohnt die Beschäftigung mit diesen seltenen Bulldogs durchaus. Lieferlisten des bedeutenden Lanz-Händlers Eduard Ahlborn in Hildesheim für das Jahr 1935 weisen immerhin die Verkäufe vier eisenbereifter 20 PS Acker-Bulldogs, sieben 30er Acker-

Sammler, die einen eisenbereiften Acker-Bulldog erhalten, haben die Fritz-Huber-Gedächtnismedaille verdient!

Ein ewiges Leben hatten diese Schlepper auf den MTS in der DDR

Auch für den Export spielten diese Bulldogs eine entscheidende Rolle

Hochinteressant: ein 25 PS Allzweck-Bulldog mit Eisenrädern, wie er im Werksversuch lief!

Bulldogs vom Typ D 8500 und sogar zehn 38er des Typs D 9500 aus. Sämtlich natürlich mit "schmalem" Wasserkasten und den Schriftzügen "Bulldog Lanz", bei den 20ern muß es sich, dem Baujahr nach, um solche aus der Baureihe HN 3 gehandelt haben mit der Typenbezeichnung D 7500 und ebenfalls mit den Schriftzugen "Bulldog Lanz" an Wasserkasten und Steigrohr. Im gleichen Zeitraum stehen diesen Auslieferungen nur drei ackerluftbereifte D 9506 mit 38 PS gegenüber und sogar nur ein einziger 20 PS Ackerluft-Bulldog D 7506 (HN 3)!

Man darf nicht vergessen, daß es erst ein Jahr zuvor, 1934, nach intensiver, von zahlreichen Rückschlägen begleiteter, gemeinsamer Entwicklungsarbeit der Continental-Gummiwerke in Hannover und Heinrich Lanz gelungen war, eine praxistaugliche Luftbereifung für Ackerschlepper herauszubringen. Bis dahin gab es für landwirtschaftliche Zugmaschinen keine Alternative zu den Eisenrädern – und mehr als Zugmaschinen konnten sie damit nicht sein, oft noch nicht einmal das. Gerade die Konstruktion kleinerer Schlepper für bäuerliche Wirtschaften, die bei weitem die Mehrzahl der Betriebe in Deutschland ausmachten, war dadurch entscheidend behindert gewesen. Leistungsstarke Schlepper wie die Zehn-Liter-Bulldogs, die großen Deutz und Hanomag, waren ohnehin Großbetrieben vorbehalten, wo sie überwiegend für schwere Pflugarbeiten oder stationäre Antriebe eingesetzt wurden. Dabei durften sich ihre Arbeitsleistungen wohl sehen lassen: Der Standard-Schlepper großer Güter, der 45 PS Acker-Bulldog D 9500 etwa konnte in zehn Arbeitsstunden beim zwei- bis dreischarigen Tiefpflügen, je nach Bodenverhältnissen, 12 bis 16 Morgen schaffen, der 20 PS Acker-Bulldog D 7500 brachte es mit zwei Scharen dabei auf sichere acht Morgen.

Schnell am Ende waren die eisenbereiften Schlepper auf leichten, sandigen oder sehr nassen Böden, wo sich ihre Hinterräder mitunter blitzschnell einwühlten und die Maschine bis auf die Achstrichter wegsacken konnte.

Für reine Ackerarbeiten waren eisenbereifte Bulldogs bis in die fünfziger Jahre durchaus im Einsatz, auch wenn die Ackerluft-Bereifung die Ver-

Die Allzweck-Bulldogs werden meist in ihrer Bedeutung unterschätzt: hier ein echtes "Arbeitstier", Baujahr ca. 1950

hältnisse revolutioniert hatte, nicht zuletzt auch durch die endlich mögliche, problemlose Straßenfahrt und ihre allgemein vielseitige Einsetzbarkeit.

Für uns bleibt festzuhalten, daß gerade die eisenbereiften Acker-Bulldogs aller PS-Klassen, in ihrer einfachen Ausführung mit Dreigang-Getriebe und Handgas und ohne Fußbremsen, elektrische Ausrüstung, ganz zu schweigen von solchen Schmankerln wie Benzin-Anlassung, Federachsen, Kotflügel usw. einen Platz an der Sonne verdienten auf Grund ihrer echten Pionier-Funktion in ihrer Zeit.

Mal ehrlich: liege ich wirklich gänzlich falsch, wenn es mir hin und wieder so vorkommt, als wären heute auch die 20 und 25 PS Allzweck-Bulldogs nicht so richtig salonfähig? Dort, wo überwiegend Sammler aus der Landwirtschaft zusammenkommen, für die der große Nutzwert und die hervorragenden Leistungen dieser Schlepper noch gegenwärtig sind, mag es anders sein, aber dort, wo hochglanzlackierte und messingpolierte Eil-Bulldogs vor allem vom Wohlstand ihrer Liebhaber künden, stehen die Allzweck-Typen garantiert abseits, im Schatten eben. Hier wird die Unsinnigkeit solchen Sammler-Verständnisses besonders deutlich.

Im Zeitraum von nur einem halben Jahr, bis zur Leipziger "Reichsnährstandsausstellung" im Juni 1939, war es den Mannheimern gelungen, mit dem D 7506 Allzweck einen Schlepper zur Serienreife zu bringen, der endlich die Mechanisierung des Hackfrucht-Anbaus möglich machte. Dabei spielte die Entwicklung der so noch nie dagewesenen, hohen und schmalen Hinterräder der Dimension 9.00-40 eine entscheidende Rolle. Hinzu kamen die stufenlose Spurverstellung beider Achsen, die stark gekröpfte Vorderachse, die eine Bodenfreiheit von 750 mm ermöglichte und so alle Pflegearbeiten in den Kulturen zuließ, die Einzelradfederung der Vorderräder, ein mechanisches Hebegetriebe für Anbaugeräte, Einzelrad-Lenkbremsen, das Sechsgang-Getriebe in zwei Schaltgruppen und viele andere Details. Die Arbeits- und Zugkraftverhältnisse waren dank der großen Bereifung ungleich günstiger als beim Ackerluft-, geschweige denn beim eisenbereiften Acker-Bulldog – wobei im Versuch zunächst interessanterweise spezielle Allzweck-Eisenräder eingesetzt wurden. Die Entwicklung der hinteren Speichenräder war eine Aufgabe, die die Techniker vor ungeahnte Probleme stellte, die aber in der auch für heutige Verhältnisse sensationell kurzen Zeit überzeugend gelöst wurden.

Indem Lanz diesen Bulldog konzipierte, schrieb das Unternehmen Schleppergeschichte. 1950 wurde ihm der nicht minder erfolgreiche 20 PS-Typ D 3506 Allzweck zur Seite gestellt; die Weiterentwicklung kam dann in Gestalt des Halbdiesel-Modells D 2806. Deutlicher Beweis für die Richtigkeit des Konstruktionsprinzips war nicht zuletzt der Erfolg, den der Hauptkonkurrent der Mannheimer, die Hanomag, mit den auf gleicher Grundlage beruhenden Typen R 25, R 28 und R 35 hatte. Diese Schlepper vermochten auf Grund ihres modernen Vierzylinder-Dieselmotors dem Bulldog den Rang abzulaufen.

Die beiden Allzweck-Glühköpfe hingegen gehören zu jenen Schleppern, die die landwirtschaftliche Arbeitswelt nachhaltig veränderten – nicht jeder andere Lanz Bulldog kann das von sich behaupten.

Nun muß man ehrlicherweise ja zugeben, daß die Oldtimerei natürlich ohne wirklich seltene, mitunter einmalige Stücke nicht zu denken ist. Ganz gleich, ob diese Maschinen nun technische Glanzlichter ihrer Epoche, waren oder eher nicht, ob Massenprodukte oder gar "Eintagsfliegen" – sie sind das Salz in der Suppe und erfreuen jeden Liebhaber.

Aber selbst im Raritätenkabinett gibt es Licht und Schatten. Zwei, drei Beispiele mögen das bezeugen: der "flache" Verdampfer-Bulldog HR 1 – der Verfasser weiß von einem einzigen erhaltenen Exemplar: möglicherweise ist er damit der seltenste Bulldog überhaupt. Vom "kurzen" 55 PS Eil-Bulldog, dem D 2135 aus dem Jahr 1936 sind zwei authentische Stücke bekannt, ebenso vom Felddank, und auch die 38er Raupe D 9550 der Baujahre 1935/36 liegt nach dem Grad der Seltenheit ganz weit vorn. Diese Exoten sind völlig zu Recht berühmt und bewundert. Welches Modell aber käme in der Raritäten-Rangfolge danach?

Wie wäre es mit dem Schmalspur-Glühkopf-Bulldog D 7508, dem 25 PS Weinberg-Bulldog? Von den 29 im Jahr 1950 gebauten Exemplaren sind dem Autor drei erhaltene bekannt! Gibt es mehr?

Peter Petersons D 3506 Allzweck mit dem berühmten Lanz-Vorratsroder VR 2

	D 2804	D 2807	D 3604	D 3607	D 3204	D 3207
Hubraum	3.711	3.711	3.711	3.711	3.711	3.711
PS/Drehzahl	28/850	28/850	36/1050	36/1050	32/950	32/950
Höchstgeschw.	32,4	26,5	25,6	29,2	32,4	26,5
Hinteradbremsen	Innenbacken	Innenbacken	Innenbacken	Innenbacken	Innenbacken	Innenbacken
Vorderachse	gef. Gabel	gef. Gabel	gef. Gabel	Einzelradfed.	gef. Gabel	Einzelradfed.
Hinterradbereif.	10-28	9-24	10-28	13-30	10-28	9-24
Länge			2960	3166		
Breite			1645	1825		
Radstand			1822	1822		
Eigengewicht			ca. 2365	ca. 2490	ca. 2430	
zuläss. Ges. gew.			2850	3950	3250	

Eines davon, als geradezu schlagendes Beispiel für einen Glühkopf-Bulldog im Schatten, begegnete ihm im extrem heißen Sommer (insofern beneidete er ihn) 2003 auf der unvergleichlichen Großveranstaltung in Nordhorn, die ja den Schwerpunkt auf Lanz und John Deere gelegt hatte. Dieser Bulldog machte wenig Aufhebens um sich, überflüssig zu sagen, daß man auch um ihn wenig Aufhebens machte. Unrestauriert und im schönen Originalzustand belassen, beanspruchte er wenig Platz in der langen Reihe seiner bekannteren Artgenossen. Wie vielen Besuchern wird er dort wohl aufgefallen, wie vielen aber entgangen sein?

Zwischen 1950-52 hatte man bekanntlich in Mannheim die Weiterentwicklung vom Glühkopf- zum "Halbdiesel-Mitteldruckmotor" vorgenommen: im November 1952 wurde die neue Baureihe der Typen D 1706, D 2206 und D 2806 vorgestellt. Diese Schlepper zielten genau auf die Ablösung der alten Bauern-Bulldogs mit ihren 16, 20 und 25 PS leistenden Glühkopf-Motoren, und sie taten es mit beachtlichem Erfolg. Zunächst war das Echo der praktischen Landwirte wohl noch verhalten: die schmalen, zierlich wirkenden 17er und 22er sahen einfach "nicht mehr aus wie ein Bulldog", sie hörten sich auch nicht entfernt so an. Aber sie wiesen Qualitäten auf, die für sich sprachen und schnell für sie einnahmen: einen sensationell niedrigen Kraftstoffverbrauch, der nicht nur ihre Vorgänger, sondern auch die Konkurrenzfabrikate buchstäblich alt aussehen ließ, den leisen, gleichmäßigen Lauf und das bequeme, unter allen Witterungsbedingungen sichere Startverfahren mittels vorgepumptem Benzin, Zündkerze, Zündspule und elektrischem Pendelanlasser. Hatte der Motor seine ersten Umdrehungen absolviert, wurde auf Dieselbetrieb umgestellt. Der Begriff "Halbdiesel" bezeichnet ja genau diesen Startvorgang. Er ist aber niemals werksoffiziell gewesen, sondern hat sich in der Fachöffentlichkeit wohl wie von selbst ergeben, und dabei ist es geblieben. Die Vorteile des neuen Motors resultierten vor allem aus einem stark veränderten Verbrennungsraum, der Verwendung einer neuen Präzisions-Einspritzdüse von Bosch sowie einem Aluminium-Kolben, der leichtere Schwungmassen ermöglichte bei gleichzeitig kleinerem Hub-raum und höherer Leistung. Mit diesen guten Schleppern glaubte Lanz zunächst einmal Zeit gewonnen zu haben, ohne das Prinzip des langsamlaufenden, einzylindrigen, großvolumigen Motors aufgeben zu müssen – dennoch lief dessen Zeit unaufhaltsam ab, wie man heute weiß und wie man auch damals schon erkennen konnte.

Der Zeitgewinn betraf aber allein die Landwirtschaft. Für den zweiten, wichtigen Kundenkreis, der für das Mannheimer Unternehmen stets große Bedeutung besaß, hatte man zu Beginn der fünfziger Jahre nichts im Angebot. Spediteure, Baustoff- und Kohlenhändler, Bauunternehmen, andere Transportgewerbe und Schausteller, die traditionelle Lanz-

Nur in bäuerlichen Sammlerkreisen hochgeschätzt: 75 PS, die dank der hohen Räder auch auf dem Boden ankommen!

Eine erstklassige, unbeachtete Rarität: der 25 PS Weinberg-Bulldog D 7508

Kunden waren, zum Teil schon seit der Ära der Zuglokomobilen, mußten auf Schlepper von Deutz oder Hanomag zurückgreifen, wenn sie ihre nun doch heftig in die Jahre gekommenen Eil- Bulldogs ersetzen wollten oder mußten. Bekanntlich gab es bei Lanz für diese erst ab 1956 adäquate Nachfolger, als die großen Halbdiesel mit 50 und 60 PS bereit standen.

Sah aus wie ein hoffnungsloser Fall: Verkehrs-Bulldog D 2804 eines Berliner Schaustellers...

Aber: war das wirklich so? Sehen wir doch mal genauer hin. Damals wie heute blühten einige Verkehrs-Bulldog-Varianten im Verborgenen, im Schatten eben, die auf den "mittleren" Halbdiesel-Ackerschleppern beruhten. Diese Straßenschlepper wiesen alle deren gute Eigenschaften und zum Teil sensationell zu nennenden Leistungen auf! Die Ableitung von Verkehrs- oder Straßenschleppern aus Ackermaschinen war ja bei Lanz ebenso wie bei allen anderen Marken immer naheliegende und bewährte Praxis gewesen – der umgekehrte Fall ist, auch dafür gibt es Beispiele, etwa bei Kaelble, kaum jemals gelungen.

Von allen drei Grundmodellen dieser Baureihe, also vom D 2806, vom D 3606 und auch noch vom D 3206 (chronologisch in der Reihenfolge ihres Erscheinens auf dem Markt) gab es mehrere Verkehrs-Ausführungen mit abweichenden Modellbezeichnungen. Dieses Kapitel der Lanz-Typologie gehört zu den kompliziertesten der gesamten Materie überhaupt. Mit Hilfe einer Tabelle läßt sich eine Aufstellung der fraglichen Typen und ihrer Merkmale aber doch halbwegs übersichtlich bewerkstelligen.

... und was ein Berliner Sammler daraus machte!

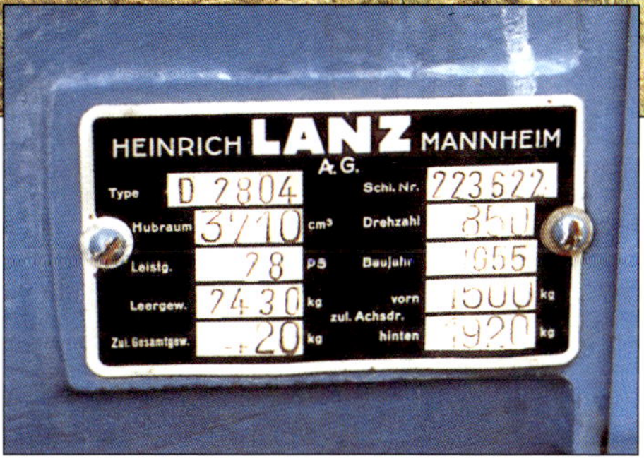

Ein weiterer D 2804 stand am Donnersberg im Abseits. Das Typenschild verrät die wichtigen Details

Die immer wieder auftauchende Variante D ..05 muß übergangen werden, weil es zu ihr, außer der Tatsache, daß sie erwähnt wird, keinerlei Datenangaben gibt, von Abbildungen ganz zu schweigen. Alle Daten der Tabelle sind überdies mit großer Vorsicht zu betrachten – sie basieren auf Eintragungen in Kfz-Briefen und in den (immerhin als werksoffiziell anzusehenden) VDA-Typenblättern, mit denen der Verband der Deutschen Automobilindustrie die Fahrzeuge jeder Epoche nach Herstellerangaben katalogisiert. Obendrein weichen die Eintragungen mehrerer Kfz-Briefe voneinander ab ...

Nun muß man sich freilich vor Augen halten, daß diese Bulldog-Typen in winzigen Stückzahlen gebaut wurden. Beinahe verbietet es sich, von "Serien" zu sprechen. Zu den größten Auffälligkeiten dieser Maschinen gehört die wechselnde Ausstattung mit der alten, vom Glühkopf-Bulldog bekannten, blattgefederten Gabelachse und mit der einzelradgefederten Pendelachse der Ackerschlepper, die es in dieser Form seit dem 25er Allzweck-Bulldog gab. Bei den Vorderachsen weichen auch die Angaben der VDA-Typenblätter selbst von den Abbildungen darauf ab! Ebenso verhält es sich mit der laut Tabelle bei einigen Typen als serienmäßig genannten Druckluft-Bremsanlage.

Durchgängig wurde bei allen auf die Einzelrad-Lenkbremsen verzichtet, alle besitzen neben der Getriebehandbremse die als Innenbackenbremse wirkende Fußbremse. Aus diesem Grund wurden auch geänderte Achstrichter und Achsen eingebaut. Einige Schlepper verfügen über eine Zapfwelle, was einerseits verwundern mag, andererseits war sie sicher ein sinnvolles Ausstattungsdetail, denn gerade Straßenschlepper wurde nicht selten mit einer Seilwinde eingesetzt. Außerdem wäre es sicher teurer gewesen, für eine so geringe Stückzahl die Zapfwelle aus dem Getriebe herauszunehmen. Auch die Bodenplatte war nicht die der Ackerschlepper.

Diese Sonderanfertigung eines D 2804 (oder 07?) wurde in der Berliner Werksniederlassung gebaut. Er wurde so teuer, daß man ihn intern "Millionen-Bulldog" nannte. Leider weiß man nicht, wer ihn kaufte! Er ist aus jeder Perspektive eine Augenweide (Bilder: D. Rühe)

Ein Tachometer fehlte, wider Erwarten, wohl in der Serienausstattung, die aber eine komplette elektrische Anlage mit Beleuchtung, Fahrtrichtungsanzeiger und Hupe beinhaltete.

Ins Auge springt ferner die hohe Ballastierungsmöglichkeit sämtlicher Bulldogs dieser Reihe. (Dies gilt natürlich auch für die Ackerschlepper-Grundversionen). Die hohen zulässigen Gesamtgewichte in Verbindung mit "passenden" Reifendimensionen und einem ausgewogenen Radstand machten die "mittleren" Halbdiesel zu Spitzenreitern in Sachen Zugkraft in ihrer Leistungsklasse.

Bei der Entstehung dieser Verkehrs-Bulldogs spielte mit hoher Wahrscheinlichkeit die Berliner Werksniederlassung in Spandau eine entscheidende Rolle. Ihr war nach dem Krieg das wichtigste Absatzgebiet, die Landwirtschaft in Brandenburg, abhanden gekommen, und außerdem machte gerade in Berlin das Fuhrgewerbe schon immer einen grossen Teil des Kundenstammes aus. Die hier zu Strassenschleppern umgebauten Bulldogs waren derart aufsehenerregend, daß sich die Mannheimer Firmenleitung um Direktor Dr. Schwenkow sogleich für sie interessierte, und so mag es schließlich zur offiziellen Fertigung dieser Typen gekommen sein.

Zwei dieser außerordentlich gut gelungenen Maschinen wollen wir vorstellen, obwohl sie höchstwahrscheinlich und höchst bedauerlicherweise nicht mehr existieren. Die erste ist der von den Spandauern so genannte "Millionen-Bau", ein 28 PS Bulldog, der 1953 neben den erwähnten Veränderungen ein formschönes, geräumiges Fahrerhaus für drei Personen erhielt. Dessen Formen lehnten sich deutlich an die bekannten Fahrerhäuser der alten Eil-Bulldogs an, der Auspuff wurde nach unten verlegt, der Bulldog erhielt vordere Kotflügel, schwere Radgewichte, eine Druckluft-Bremsanlage und kostete den exorbitanten Preis von 15.000 DM – dies erklärt den internen Spitznamen. Auf dem Messestand der "Grünen Woche" in Berlin bildete er den Mittelpunkt der Bulldog-Schau. Leider ist sein Schicksal bis heute nicht aufklärbar gewesen.

Die zweite Maschine war ein mit Druckluft, nach unten verlegtem Auspuff, Windschutzscheibe und dem klassischen Lanz-"Bauerndach" versehener 36er Halbdiesel, der zwar keine vorderen Kotflügel, dafür aber runde Hinterradkotflügel aus der Glühkopf-Ära erhielt – auch dies wahrscheinlich deshalb,

Auch dieser Verkehrs-Bulldog D 3607 entstand in Berlin-Spandau: man beachte die runden Kotflügel!

Aus der "Serienproduktion" stammt dieser D 3607, der ehemalige Hofschlepper bei Rosenthal-Keramik, ohne Druckluft und Zapfwelle, aber mit Trommelbremsen

Dieser Verkehrs-Halbdiesel, ein D 3604 oder D 3607, braucht noch ein "Händchen". Die seltene Maschine wäre jede Mühe wert

weil die umgestaltete Fahrerplattform die Verwendung der Serienseitenbleche und –kotflügel nicht mehr möglich machte. Leider fehlt auch von diesem interessanten Fahrzeug jede Spur. Ohne das hervorragende Erinnerungsvermögen des ehemaligen Spandauer Lanzers Dieter Rühe und seine ehemals von ihm selbst angefertigten Fotos wüßten wir so gut wie nichts von diesen Maschinen. Dafür schuldet ihm der Autor zum wiederholten Mal großen Dank. (Nur um den Komplex abzuschließen, sei der Hinweis erlaubt, daß in Berlin noch weitere interessante Verkehrs-Bulldogs auf der Basis der 50 und 60 PS-Halbdiesel und zuletzt auch noch auf der Grundlage des D 4016 entstanden – aber diese sprengen den Rahmen unseres Themas, weil sie, zum Glück, nicht im Schatten stehen.)

Die komplette Reihe dieser Verkehrs-Bulldogs ist, wie üblich, in den Nummerkreisen der Grundmodelle D 2806 (220.000 -), D 3606 (660.001 – 663.340) und D 3206 (230.001 -) enthalten, was eine Identifizierung nicht eben erleichtert. Und immerhin: zu identifizieren gibt es da doch einiges! So gering die Stückzahlen jener Maschinen insge-

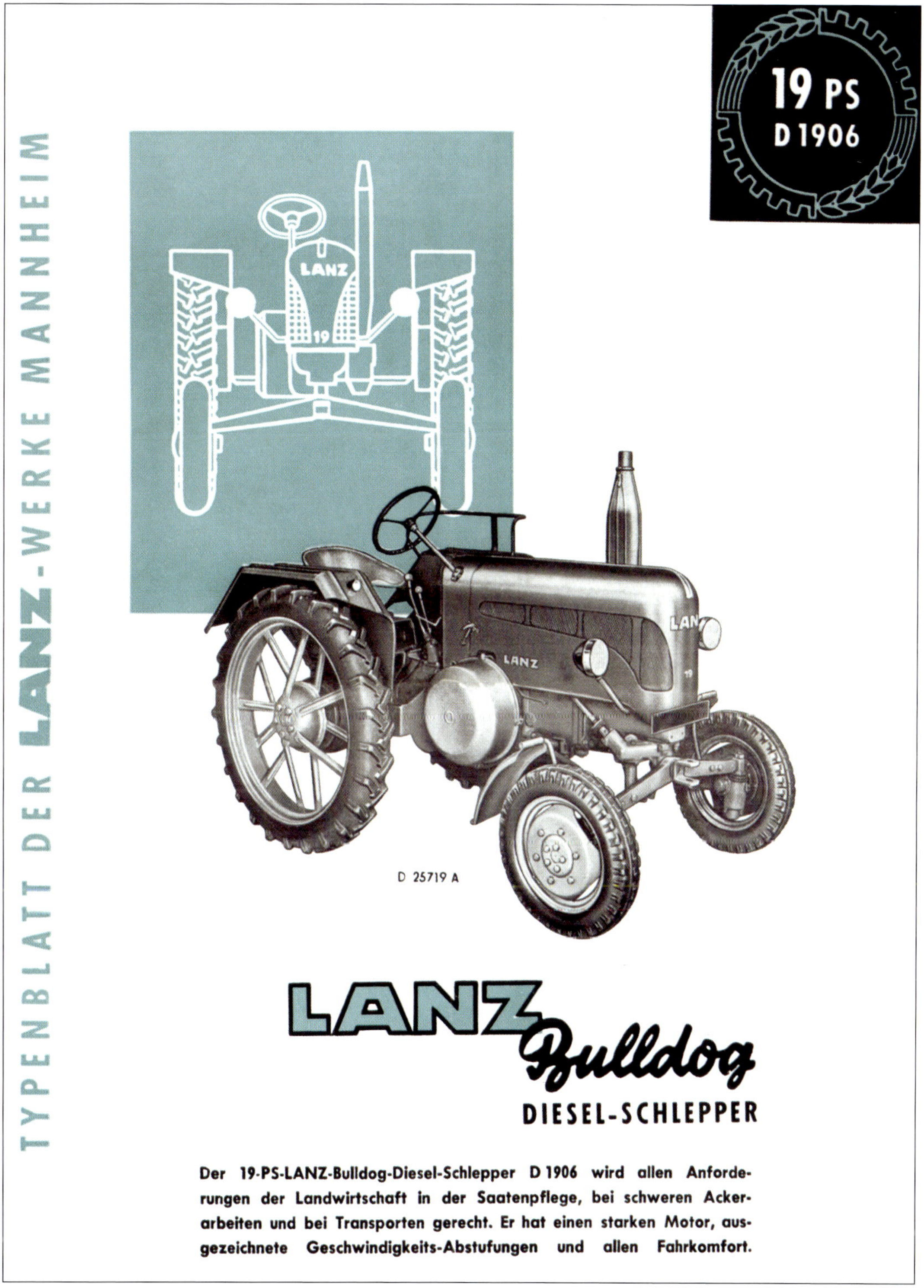

Das Typenblatt für das Übergangsmodell D 1906 zeigt eine Haubengestaltung, die so nie gebaut wurde

samt auch waren, einige sind erhalten geblieben. Sie verdienen nun allemal den Platz an der Sonne, heraus aus dem Schatten, der sie umgab und bis heute umgibt.

Die so umfangreiche Palette des Lanz Bulldogs ist damit aber noch lange nicht ausgeschöpft, wobei es sich eigentlich stets eher um eine Variantenvielfalt als um eine wirkliche Typenvielfalt handelt. Betont sei, daß alle in diesem Beitrag dargestellten Schlepper keine Prototypen sind. Wollte man auf die eingehen, ergäben sich Probleme mit der Quellenlage, an die man als Schreiber lieber gar nicht denken mag!

Nein, hier geht es immer allein um Serienmodelle. Spätestens 1955 war es soweit, daß einerseits die "kleinen" Halbdiesel D 1706 und D 2206 einer Ablösung bedurften (die schmale, auf den legendären 15er Bauern-Bulldog D 4506 von 1939 zurückgehende Bauweise hatte sich überholt), andererseits stand der für die kleinen Bulldogs zum echten Dieselaggregat weiterentwickelte Motor unmittelbar vor der Produktionseinführung.

Damit mußte auch ein neues Erscheinungsbild für die Schlepper her. Zwei Übergangsmodelle, die nur für wenige Monate gebaut wurden, kamen heraus: die Rede ist von den Typen D 1906 und D 2216. Noch im gleichen Jahr erschienen ihre Volldiesel-Nachfolger. Der Nummernkreis des 19ers reicht von 278.001 bis 278.600, der des 22ers von 549.001 – 550.000. Mit 600 bzw. 1.000 Exemplaren gehören damit beide zu den Bulldog-Typen mit den gering-

Rudi Faders perfekt restaurierter 19er. Er besaß bereits einen hydraulischen Kraftheber. Oben ist Rudi Fader mit seinem D 1906 bei einem Schlepperkorso zu sehen

Beinahe ebenso selten ist der D 2216

sten Stückzahlen, aber auch zu denen, die am unbekanntesten sind und – heute wie damals – am wenigsten beachtet wurden. Ein ausgeprägtes Schattendasein führen sie also, das aber nicht so recht begründet ist, denn sie weisen Neuerungen auf, die die kommende Baureihe vorbereiteten und die beachtenswert sind.

Ihr auffälligstes äußeres Merkmal gegenüber den schmalen Vorgängern war die völlig neue, wohlgeformte Motorhaube, die von der Armaturenwand bis über die Vorderachse reichte und, außer den Schwungrädern, nur noch wenig vom gesamten technischen Aufbau der Bulldogs erkennen ließ. Der "Blech-Bulldog", wie er bis heute leicht ironisch genannt wird, war geboren. Bis auf zwei wichtige Details entsprachen beide technisch ihren Vorgängern: die Riemenscheibe war nicht mehr nach traditioneller Bulldog-Art mit der Kupplung kombiniert, sondern sie wurde nun durch einen Winkeltrieb von der Zapfwelle angetrieben und befand sich am Heck des Schleppers. In dieser Form kehrte sie dann auch bei den Volldiesel-Typen wieder. Die beim D 1906 um 2 PS angehobene Motorleistung resultierte aus einer gegenüber dem D 1706 leicht erhöhten Verdichtung, die durch Verwendung einer dünneren Kopfdichtung erzielt wurde. Eine interessante Frage, die bisher noch nie untersucht und also auch nicht beantwortet wurde, stellt sich bei der Typenbezeichnung D 2216. Bisher endeten ja ausnahmslos alle Typenbezeichnungen für Lanz Bulldogs auf ...06, wenn es sich um Ackerluft-Bulldogs mit Sechsgang-Getriebe handelte. Die Ziffern ...16 kennzeichnen erst die Volldiesel-Typen. D 1616 – D 2816 und den späteren D 4016, außerdem natürlich die großen Halbdiesel D 4816 bis D 6016: aber alle diese Schlepper besitzen Kriechgänge! Hatten die Großen kein Kriechganggetriebe, so endeten ihre Bezeichnungen auch wie gewohnt auf ...06. Worauf es bei

Zum Glück gibt es den D 2216 noch in Sammlerhand

dieser Frage ankommt, ist also die Tatsache, daß die Endziffern bei Lanz traditionell immer etwas über die Getriebeversion aussagte: D ...00 für Dreigang-, D ...06 für Sechsgang- und D ...16 für Sechsganggetriebe mit Kriechgängen. Vom deren Vorhandensein kann aber beim D 2216 nicht die Rede sein. Was also will uns diese Abweichung von der traditionellen Nomenklatur sagen? Für sachdienliche Hinweise wäre der Verfasser sehr dankbar.

Von ihren Nachfolgern unterscheiden sich D 1906 und D 2216 äußerlich durch die angeschnittenen hinteren Kotflügel sowie dadurch, daß ihre Lenksäulen rechts seitlich unter der Motorhaube verläuft – beide Merkmale stammen von den 17ern bzw. 22ern. Die Motorhaube ziert eine über die gesamte Länge reichende Chrom-Zierleiste, die erst in der allerletzten John Deere-Lanz-Serie wiederkehren wird, und die Scheinwerfer sitzen nicht an den hinteren Kotflügeln (was wegen deren Abschrägungen auch nicht möglich gewesen wäre), sondern sie werden von geweihähnlichen Lampenhaltern getragen, die rechts und links am Zylinderblock angeschraubt sind. Klar, daß bei so wenigen gebauten Exemplaren noch viel weniger erhalten geblieben sind.

Einen D 1906 hat Bulldog-Freund Rudi Fader aus Schramberg-Sulgen im Schwarzwald gerettet. Lassen wir ihn erzählen. "Hin- und hergeschoben war der Bulldog oft genug geworden, seit er 1968 im Freiburger Raum stillgelegt worden war. Ein Liebhaber entriß ihn einem Schrotthändler, aber auch danach verschwand er wieder in der Versenkung, und erst nach weiteren fünf Besitzerwechseln fand ich ihn in Sulgen unter Kisten und Bretter, mit Motorschaden. Ich erwarb den Schlepper als Ersatzteilspender für ein ähnliches Modell, aber schließlich war er mir zum Ausschlachten zu schade. Ich entschloß mich, den seltenen Bulldog wieder herzurichten. Mit Hilfe meines Sohnes Rainer gelang das in mühevoller, zweijähriger Arbeit. Etliche Teile mußten in Einzelanfertigung hergestellt werden, andere konnten von verschrotteten Maschinen verwendet werden, manches fertigten wir selber an. Dabei hatten wir gute Unterstützung durch einen befreundeten Kfz-Mechaniker.

Auf die Bitte um Informationen und Unterstützung, die ich mit einem Leserbrief in der ,Schlepper-Post' veröffentlichte, erhielt ich so zahlreiche Anrufe und Briefe, wie ich es nie erwartet hätte! Seither weiß ich von 28 Exemplaren des D 1906 in Sammlerhand. Mein Schlepper hat die Nummer 278.067 und verfügt über einen für jene Baujahre noch seltenen, hydraulischen Dreipunkt-Kraftheber. Nach 26 Jahren hatte der Neunzehner seinen ersten öffentlichen Auftritt auf dem Traktor-Treffen 1994 in Deilingen. Darüber hinaus wird er regelmäßig zu leichteren Arbeiten in der Landwirtschaft herangezogen. Ich wünsche allen Lanz Bulldog-Freunden allzeit gute Fahrt und hoffe, daß wir uns vielleicht bei einem Bulldog-Treffen einmal persönlich kennenlernen werden. Ja, dem kann sich der Autor nur anschließen und zu dem schönen Stück herzlich gratulieren.

Bemerkenswert ist schließlich die Prospektwerbung, die Lanz für die Typen D 1906 und D 2216 (und auch noch für die ersten Exemplare des D 1616 aus der Nachfolger-Baureihe!) betrieb. Auf den Typenblättern – mehr gibt es nicht – wird stets eine Motorhaube gezeigt, die es in dieser Form dann in der Serie nie gegeben hat. Es existieren zwar etliche Werksfotos von Prototypen mit dieser abweichenden Haubengestaltung, aber da weiß man nicht, was technisch darunter steckte. Bleibt festzuhalten, daß die hier behandelten Lanz-Raritäten endlich einmal aus dem Schatten herausgefahren gehören. Wenn diese Geschichte dazu beitragen würde, hätte der Verfasser sein Ziel erreicht.

Vom Motormäher zum Bauernschlepper

Chronik über den Traktorenbau der Gebr. Hagedorn & Co, Warendorf

von Franz Hagedorn und Wolfgang Wagner

Der Amboß klingt stahlglockenrein
in heller Arbeitsfreude;
und hundert Hämmer groß und klein,
in munterem Takte stimmen ein
ins fröhliche Sturmgeleute

Max Eyth

Vom Dorfschmied zum Landmaschinenbauer

Mit dem poetischen Reim auf die Zunft der Schmiede von Max Eyth erinnerte die Fa. Gebr. Hagedorn & Co. in einer Werbeschrift aus dem Jahre 1951 an die Väter und Gründerväter dieser traditionsreichen Landmaschinenfabrik und Eisengießerei in Warendorf, die allesamt diesem Handwerk eng verbunden waren. Das Stammhaus der Familie Hagedorn befand sich in der Mitte des 18. Jahrhunderts in der zu einer Bauernschaft verdichteten Ortschaft Müschen bei Lear, im damaligen Königreich Hannover - heute im Landkreis Osnabrück gelegen. Hier am nordöstlichen Rand des Münsterlandes lebte Generationen übergreifend seit "Urgroßväterzeit" die Schmiedefamilie Hagedorn im Dienste von Hufbeschlag und Bauschlosserei für die bäuerliche Kundschaft in der näheren Umgebung. Der Gründervater Heinrich Hagedorn wurde hier am 13. Dezember 1843 in den elterlichen Betrieb hinein geboren und zur Übernahme des väterlichen Gewerbes angehalten. Heinrich Hagedorn war neuen wissenschaftlichen Erkenntnissen gegenüber sehr aufgeschlossen und sah in der aufkommenden Industrialisierung und Mechanisierung neue Möglichkeiten und Chancen für die rationelle Herstellung von landwirtschaftlichen Kleingeräten und Werkzeugen. Hagedorn installierte in der elterlichen Schmiede bereits eine selbst gebaute Drehbank, welche mit einer erweiterten Ausstattung den Grundstock für eine eigene Werkstatt in Warendorf bilden sollte. Zusammen mit seiner Ehefrau Clara, geb. Füchte, drängte es ihn aus der ländlichen Enge in die aufstrebende Provinzmetropole an die Ems. Im Jahre 1873 bezog er Werkstatt und Wohnung am Wilhelmsplatz in Warendorf. Fachliches Können sowie Geschick im Umgang mit den Menschen etablierten ihn bald als geachtete und

Das Stammhaus der Dorfschmiedefamilie Hagedorn in Müschen bei Laer, Bezirk Osnabrück (1870)

Gründervater Heinrich Hagedorn (13. Dezember 1848 bis 17. April 1895) und Ehefrau Clara

Die Gründer der Firma Gebr. Hagedorn & Co. (1902) Georg Hagedorn links, Anton Hagedorn rechts

Beim Spritzen in der Lackiererei

Fahrrad- und Nähmaschinenhandlung von Anton Hagedorn um die Jahrhundertwende (am Lenker Anton Hagedorn, hinter ihm Bruder Georg)

und bekannte Persönlichkeit in der Stadt. Neben dem Hufbeschlag im Landesgestüt wurden ihm durch die aufstrebende Textilindustrie größere Aufträge erteilt - nie aber ließ er sein Ziel des Landmaschinenbaus aus den Augen. Er entwickelte Häcksel- und Strohschneidemaschinen und Kartoffelquetschen sowie Pflüge und landwirtschaftliche Kleingeräte. Die handwerkliche Fertigung in "Serie" wurde durch kleinere Werkzeugmaschinen - angetrieben mittels einer großen Transmission - unterstützt.

"In der eigenen Firma geschah noch alles ohne Antrieb durch eine Dampfmaschine oder einen Motor - vielmehr erfolgte der Energieantrieb durch Ausnutzung tierischer Antriebskraft. So rotierte ein Hund in einem großen Eisenkorb außerhalb des Fabrikgeländes, der auf eine Transmissionswelle wirkte, die in der Werkstadt für den Kraftantrieb sorgte." (Paul Leidinger - Von der Fabrik zur Wohnsidlung - Warendorf 1995) Der Betrieb wurde um mehrere Mitarbeiter erweitert - auch die beiden Söhne Anton und Georg (die späteren Fimengründer) traten als Lehrgesellen ein und mussten sich den hohen Ansprüchen an Arbeitsleistung und Disziplin ihres Vaters unterordnen. Die harte Schule des gestrengen Lehrmeisters offenbart folgende Episode: Der Vater als Feuerschmied und die Söhne als Zuschläger standen am Amboss. Als die Söhne mit der Kraft der schweren Hämmer nachließen, wurden sie vom Vater mit folgenden Worten angefeuert: "Schlaot mann tüchtig drupp, ett is ju Vader un Moder nich!"(50 Jahre Gebrüder Hagedorn & Co. - Warendorf 1952)

Bei zunehmender Auftragslage waren die räumlichen Kapazitäten am Wilhelmsplatz bald erschöpft - im Jahre 1893 mußten zusätzliche Produktionsräume am Stadtrand (Am alten Münsterweg) geschaffen

Elternhaus der Gründer mit Schmiede am Wilhelmsplatz in Warendorf 1873

**Die Söhne der Gründer
Benno Hagedorn links, Hermann Hagedorn rechts**

werden. Als Kraftquelle wurde hier erstmals eine Dampfmachine installiert. Die Landmaschinenfertigung wurde erweitert um den Bau von Teichknetmaschinen und Dachpfannenpressen. Sohn Anton gründete auf dem neuen Betriebsgelände zusätzlich eine Fahrrad- und Nähmaschinenhandlung und betrieb erfolgreich Kundenakquisition.

Am 27. April 1985 verstarb Heinrich Hagedorn im Alter von nur 51 Jahren. Mit seiner gelebten Vision vom Dorfschmied zum Landmaschinenbauer zitiert ihn der Chronist als "...einer der Pioniere der Landmaschinenindustrie im münsterländischen Raum." Seine Ehefrau Clara (mit zehn Kindern) führte nun mit Hilfe ihrer Söhne das Unternehmen mit Umsicht und Tatkraft fort. Sohn Georg hatte inzwischen das Ingenieurstudium an der Staatlichen Ingenierschule in Dortmund abgeschlossen und eine Tätigkeit bei der Reichswerft Wilhelmshafen angenommen. Auf Drängen seines Bruders kehrte er alsbald in die Geschäftsführung der aufstrebenden Firma zurück.

Mit Beginn des neuen Jahrhunderts erforderte die große Nachfrage landwirtschaftlicher Geräte eine Betriebserweiterung, die mit dem Erwerb der vormals stillgelegten "Warendorfer Maschinenfabrik und Eisengießerei" - im Volksmund Kanonenfabrik genannt - den Grundstock für ein mittelständisches Landmaschinenunternehmen bilden sollte. Die Jungunternehmer Georg Hagedorn (24 Jahre) und Anton Hagedorn (27 Jahre) gründeten am 6. Juni 1902 mit drei weiteren Kommanditisten die ins Handelsregister eingetragene Firma: "Maschinenfabrik und Eisengießerei Gebrüder Hagedorn & Co." Die Produktion wurde mit dem Bau von Kartoffelquetschen, Häckselmaschinen und Rübenschneidern (mit 116 000 Einheiten war der Rübenschneider quantita-

Schmiede und Stanzerei

Versandhalle: Gabelheuwender und Kartoffelroder

Fabrikgelände von Hagedorn ca. 1950 (Ansicht Südost)

Quelle: Bildarchiv der Altstadtfreunde Warendorf – Kreisarchiv

Heuwender und Mähmaschine ab 1921 - die Mähmaschine "Westfalia" war der Vorläufer des Hagedornschen Motormähers

tiv die meistgebaute Maschine bei Hagedorn - durchgehend produziert von 1902 -1951) hochgefahren. Im Jahre 1904 musste bereits eine neue Halle für den Bau des Absatz starken Gabelheuwenders errichtet werden. Auf diese Maschine wurden Schutzrechte und Patente auf den Namen "Westfalia" eingetragen – auch der Name "Hagedorn" wurde gesetzlich geschützt und erlangte als Qualitätsbegriff überregionale Bedeutung. Mit konstruktiver Weitsicht und kaufmännischem Talent erkannten die Brüder Hagedorn die Zeichen der Zeit und setzten auf die wichtigsten Land- und Erntemaschinen dieser stürmischen Epoche der Technisierung in der Landwirtschaft. Neben dem Heuwender "Westfalia" verließen der Pferderechen "International", sowie der Hagedorn Kartoffelernter mit seinem genialen exzentrischen Wurfgetriebe - genannt "Der Grabende" - die Fabrik.

Im Jahre 1913 musste das Werk um eine weitere Halle vergrößert werden. Der wirtschaftliche Erfolg erforderte die ständige Erweiterung einer treuen Facharbeiter- und Angestelltenschaft. Sie wuchs von zunächst 50 Personen im Jahre 1907 bis auf über 100 mit Beginn des Ersten Weltkrieges, den das Werk relativ unbeschadet überstand. Ab 1919 wurden der "Hagedorn - Pferderechen-Vollautomat" sowie die (noch fehlende) Mähmaschine in das Programm aufgenommen und die Nachkriegsproduktion mit prall gefüllten Auftragsbüchern wieder hochgefahren.

Motormäher "Westfalia"

In dieser Phase der beginnenden Motorisierung der Landwirtschaft - der erste Rohölschlepper aus Mannheim "blubberte" bereits auf dem Acker - entwickelten innovative Tüftler unabhängig von der Schlepperindustrie aus Mähmaschinen selbstfahrende Grasmäher. So konstruierte auch der experimentierfreudige Sohn von Anton Hagedorn (Anton Hagedorn jr. genannt "Schmettken") 1925 eine fahrbare Mähmaschine, die in ihren typischen Konstruktionsmerkmalen den ersten Motormähern der zwanziger Jahre von Kramer, Hermann Lanz und Fendt entsprach. Die Hagedornsche Mähmaschine "Westfalia" wurde lediglich um einen Fahrzeugrahmen mit Vorderachslenkung (auf die später noch einzugehen sein wird) verlängert und mit einem eigens entwickelten Benzinmotor bestückt. Das "Vergasertriebwerk", ein 8 PS Einzylinder-Zweitakt-Motor mit 440 cm³ Hubraum und "Pressluftkühlung" wies noch erhebliche

Erste Experimente auf dem Versuchsfeld des Werkes 1926 mit einem "Westfalia" - Motormäher, getrieben von einem 8-PS-Zweitakt-Motor (Eigenfabrikat) mit Pressluftkühlung (Anton Hagedorn sen. und Anton Hagedorn jun. am Steuer)

Westfalia-Motormäher, Hinterräder mit Holzsporen

Einsatz auf dem firmeneigenen Versuchsgelände der Firma Hagedorn – am Steuer der 12-jährige Benno Hagedorn

Mängel auf und wurde auf dem firmeneigenen Versuchsfeld eingehenden Erprobungen unterzogen. Die Versuche wurde fotografisch dokumentiert. Seltene Aufnahmen mit Vater und Sohn dienten als Vorlage für eine einzigartige Werbegrafik aus dem Jahre 1927. Die Zugleistung der Maschine entsprach mit zwei in Reihe nachgeschalteten lüftgekühlten

Erste Entwicklungsstufen des Motormähers mit „zwei in Reihe nachgeschalteten" luftgekühlten Benzinmotoren eigener Herstellung – 1927

Motormäher "Westfalia" mit wassergekühltem Benzinmotor eigener Herstellung 1927

Motormäher Westfalia stollenbereift mit angebautem Schwadrechen und mit geschobenen Schwadrechen (unten)

Zweitakt-Motoren nicht den Praxiserwartungen; die Motorkraft konnte nicht zuverlässig synchronisiert werden. Eine Betriebssicherheit war somit nicht gewährleistet. Erst die Ausrüstung mit einem wassergekühlten 10-PS-Benzinmotor eigener Konstruktion erlaubte die Belieferung vorgemerkter Kunden und ermutigte den Hersteller zu einer ersten öffentlichen Präsentation der Maschine auf der DLG - Ausstellung 1930 in Köln.

Bei Hagedorn dachte man zu diesem Zeitpunkt nicht an eine Serienfertigung sondern orientierte sich an individuellen Kundenwünschen und lieferte die Maschinen mit unterschiedlichen Antriebsrädern aus Stahl, wahlweise auch mit Hartgummi oder Stollengreifern besetzt, sowie mit gummibereiften Speichenfelgen. Der Motormäher verfügte über eine Reibungs-Sicherheitskupplung, Differentialgetriebe eigener Bauart (D.R.P.a.), Hand- und Fußbremse sowie Riemenscheibe. Der Mähbalken war rechtsschneidend angeordnet - die Mäharbeit konnte von einem zusätzlichen Beifahrersitz (gegen Aufpreis) beobachtet und bei Handablage gesteuert werden.

Grafisch hervorragend gestalteter Werbeprospekt 1927

„Westfalia"-Motor-Mäher mehrere D.R.P. und D.R.G.M. angemeldet, mit Zweitaktmotor, Preßluftkühlung, ca. 8 PS (maximal), mit Reibungs-Sicherheitskupplung, Differentialgetriebe, Hand- und Fußbremse und mit Riemenscheibe versehen, mit $4^1/_2$' Balken, Gewicht ca. 725 kg, Preis RM. 1440,—

dto. mit wassergekühltem Motor (Verdampfungskühler), ca. 10 PS (maximal), sonst wie vorstehend, Gewicht ca. 740 kg . . . . Preis RM. 1575,—

dto. mit Dieselmotor, kurzzeitige Höchstleistung ca. 10 PS, Gewicht ca. 840 kg. Preis RM. 2190,—

„Westfalia"-Mähmaschinen mit Getriebeschutz (D. R. G. M.) und automatischer Treibstange, D. R. P. angemeldet, für Pferde- und Kuhbetrieb.

Einspänner, $3^1/_2$' = 109 cm, ca. 260 kg		Preis RM. 260,—
Zweispänner, 4' = 123 cm, ca. 300 kg		Preis RM. 270,—
„ $4^1/_2$' = 138 cm, ca. 350 kg		Preis RM. 280,—
Mit Scheren- oder Tiefschnittbalken	Mehrpreis	RM. 13,—
Mit Bandbremse für Hand und Fuß	Mehrpreis	RM. 18,—
Vorstehende Mähmaschinen werden auch mit Oelbad geliefert	Mehrpreis	RM. 15,—
Handablagen jeder Schnittbreite hierzu	Preis	RM. 43,—
Vorderwagen mit Stumpf hierzu	Preis	RM. 43,—
„Hagedorn"-Deichselträger	Preis	RM. 16,—
Anhaublech, $3^1/_2$', 4', $4^1/_2$'	Preis	RM. 10,—, 11,—, 12,—

„Hagedorn"-Mähmesser-Schleifapparat mit doppeltem Getriebeschutz, Stein 45 cm Spitzbahn, auf Wunsch mit Flachbahn, 42 cm Durchmesser.

Für Handbetrieb, Gewicht ca. 36 kg . . . . Preis RM. 16,—
dto. und mit Fußtritt, Gewicht ca. 38 kg . . . . Preis RM. 18,—

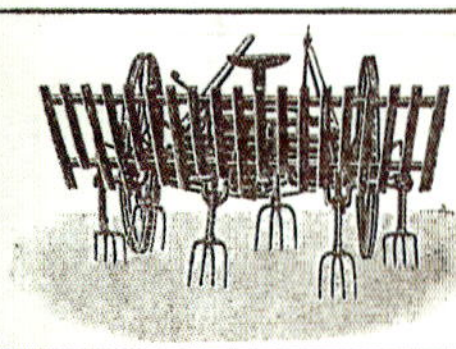

„Westfalia"-Gabelheuwender mit 6 Gabeln, 4zinkig, pyramidischer Rahmenverstrebung und ungeteilter Kurbelwelle.

Arbeitsbreite ca. 2,20 m, Gewicht ca. 280 kg	Preis	RM. 200,—
dto. mit Bronzelagern und Staufferbüchsen	Preis	RM. 211,—
Praktischer Fußhebel hierzu	Mehrpreis	RM. 9,
Praktischer Windschirm mit Entlastungsfeder	Mehrpreis	RM. 11,—

„Hagedorn"-Luna-Flügel-Heuwender mit verstellbaren Flügeln und Rahmen aus Stahlrohr.

Arbeitsbreite ca. 2,20 m, Gewicht ca. 270 kg . . . . Preis RM. 250,—
ca 1,80 m, Gewicht ca. 250 kg . . . . Preis RM. 220,—

„International"-Stahl-Pferderechen mit Ɪ-Profilzinken, **Vollautomat,** besonders kräftig gebaut und für die schwersten Ernten geeignet.

Größe I, Zinkenzahl 24, Spurbreite ca. 2,20 m, Gewicht ca. 290 kg . Preis RM. 200,—
Größe II, Zinkenzahl 28, Spurbreite ca. 2,50 m, Gewicht ca. 310 kg . Preis RM. 220,—

Stahl-Pferderechen „H" mit runden und Ɪ-Profilzinken, **Vollautomat.**

	Spurbreite	Gewicht	Zinkenentfernung	
Nr. 16, mit 28 Ɪ-Profilzinken,	ca. 2.35 m,	ca. 220 kg,	73 mm,	Preis RM. 148,—
Nr. 17, mit 30 Ɪ-Profilzinken,	ca. 2.50 m,	ca. 230 kg,	73 mm,	Preis RM. 158,—
Nr. 19, mit 30 rd. Zinken m. fl. Spitzen,	ca. 2.50 m,	ca. 210 kg,	73 mm,	Preis RM. 140,—
Nr. 20, mit 36 rd. Zinken m. fl. Spitzen,	ca. 2.50 m,	ca. 214 kg,	60 mm,	Preis RM. 148,—

Produktpalette der Firma Gebr. Hagedorn um 1927

"Westfalia" Motormäher Bj. 1926 im Museum Obersdorf (einzig heute bekanntes Exemplar). Der Besitzer sucht dringend einen Vergaser für dieses Unikat

Beeindruckendes Gespann: Anton Hagedorn jr. auf dem Weg zur Vorführung 1928

"Höchstleistung" von 10 PS mit dem ersten Diesel-aggregat 1931 – vermutlich Prototyp in Kooperation mit der Humbold-Deutzmotoren AG Köln auf der Suche nach einem geeigneten Triebwerk für den Serienbau

Emailliertes Werbeschild 1928

Quelle: F. Hagedorn

Je nach Ausstattung kostete die Maschine zwischen 1 440 und 1 575 Reichsmark. Für dieses Geld konnte der Kunde augenscheinlich eine seinen Erwartungen und Ansprüchen gerecht werdende Arbeitsmaschine erwerben, wie nachfolgende Zeugnisse belegen.

Brief vom 11. August 1931

Ich teile Ihnen mit, daß ich mit der von Ihnen am 10. Juni 1931 bezogenen Motormähmaschine mit wassergekühltem Motor außerordentlich zufrieden bin. Ich habe mit dieser Maschine das Heugras durchweg im großen Gang - auch in den schwierigsten Wiesengeländen, ohne jeden Anstand gemäht mit einem äußerst geringen Betriebsstoff-Verbrauch. Die Maschine zieht ohne jeden Anstand bei einer Furchentiefe von 20 cm einen schweren Ventki-Pflug. Ich kann daher die Maschine nur jedem Landwirt auf das Beste empfehlen.

Bürgermeister W. in N.

Brief vom 7. Dezember 1931

In Erwiderung Ihres geehrten Schreibens vom 28. November 1931 teile ich Ihnen mit, daß ich mit dem von Ihnen bezogenen Motormäher "Westfalia" sehr zufrieden bin. Vor allem möchte ich hervorheben die leichte Handhabung und die kurze Wendigkeit, was bei dem süddeutschen Fabrikat n i c h t der Fall ist. Der Grasschnitt war sauber und die Leistung im Durchschnitt 2 Morgen pro Stunde.

M.-R. in Aa.-S.

Der Westfalia-Motormäher wurde laut Prospekt aus dem Jahre 1932 auch mit einem 10 PS-Kleindieselmotor mit Verdampferkühlung (s. verlängertes Steigrohr auf dem Wasserkasten) zum Preis von 2 190 RM angeboten - Prospekte unterliegen bekanntlich der gestalterischen Freiheit von Dichtung und Wahrheit - diese Maschine entsprach schon dem Prototyp einer neuen Generation von Hagedorn-Schleppern, deren Erprobung in Kooperation mit der Fa. Klöckner-Humboldt-Deutz erfolgte und entscheidenden Einfluß auf den neuen Klein- und Bauernschlepper "Westfalia" nehmen sollte.

Die Herstellung der selbstfahrenden Motormähmaschine wurde in dieser Form auch von anderen Herstellern eingestellt, da mit der Verfügbarkeit ausgereifter Kleindieselmotoren von Deutz, Güldner, MWM u.a., sowie Gummibereifung ab 1930 eine rasante Entwicklung von Klein- und Bauernschleppern einsetzte. Die "Aufrüstung" bis zu 16 PS ermöglichte den universalen Einsatz mit Pflug und stärkerem Gerät sowie die Verwendung als Zugmaschine. Aus der Metamorphose primitiver Entwicklungsstufen entstanden binnen weniger Jahre im Deutschen Reich universell einsetzbare alltagstaugliche Bauernschlepper, deren einzige qualitative Vergleichbarkeit mit einem herkömmlichen Motormäher durch das moderne Anbaumähwerk bestand. Die

Der erste in Serie gefertigte Bauern-Universal-Trecker "Westfalia" mit 8/14 PS-Deutz-Diesel-Motor aus dem Jahr 1932

Erstes Werbeprospekt 1935, der überregionale Vertrieb erfolgte über die Primus Traktorengesellschaft in Berlin,

Bauern-Universaltrecker „Westfalia" werden mit der Bahn versendet

Maschinen erhielten ein "traktorähnliches" Outfit mit proportionierter Gummibereifung, zuverlässiger Betriebsbremse, und sie wurden mit Zugmaul, Anhängeschiene, Zapfwelle, Riemenscheibe und Beleuchtung ausgerüstet. Der Motormäher hatte definitiv ausgedient - nur wenige Exemplare verrichteten in bäuerlichen Betrieben mit Hanglagen und hohem Grünlandanteil noch ihren Dienst. Die Anzahl gebauter Motormäher bei Hagedorn ist nicht belegt. Es existieren Archivfotos von ca. zehn Maschinen aus der Zeit von 1926 bis 1930 sowie sieben Reverenzen und Zeugnisse von Käufern. Von der tatsächlichen Existenz eines einzigen in Sammlerhand (Museum in Obersdorf) befindlichen Veteranen aus dem Jahre 1927 mit dem futuristisch anmutenden "Raketentank" für die Wasserkühlung legen die hier erstmalig veröffentlichen Fotos sensationelles Zeugnis ab.

Ackerschlepper mit spezieller Moorbereifung für den Einsatz auf nassen Wiesen und Äckern

Bauern Schlepper "Westfalia"

Im Jahre 1932 war es dann in Warendorf soweit; Hagedorn stellte seinen ersten Bauern-Universal-Trecker "Westfalia" mit einem liegenden Deutz-Einzylinder-Motor, Bauart MAH 515 mit Verdampferkühlung und einer Leistung von 8 PS vor. Die Dauerleistung von 8 PS wurde bei einer Drehzahl vom 1 250 U/min erreicht. Der Motor war mit einem Hubraum von 1 100 cm^3 bei einer Bohrung / Hub von 100 x 140 ausgestattet. Spätere Typen mit erhöhter Drehzahl wurden auf 9-11 PS getrimmt. Hinsichtlich der Leistungsangaben variieren Typenblätter und Prospektangaben. Grundsätzlich wurde der Hage-

Mit Zwillingsbereifung hinten und Verbreiterungsrädern vorn für den Einsatz in Moorkulturen

Restaurierter "Westfalia Bauern-Universal-Trecker", Baujahr 1936. Gut erkennbar sind hier die Rahmenbauweise und die Anordnung der Vordeachse mit der "genialen" Seilrollenlenkung

Quelle: Sammlung F. Hagedorn

dorn-Schlepper wahlweise mit einem 8-PS- oder mit einem 14-PS-Triebwerk bestückt. Die Leistungssteigerung basierte auf Hubraumerweiterung, Drehzahlerhöhung sowie einer Vergrößerung der Schwungräder in Durchmesser und Breite. Daten aus dem Original-Kraftfahrzeugbrief der Zugmaschine mit der Fabriknummer 3688 aus dem Jahre 1936 beziffern die Leistung des Deutz-Motors mit der Fabriknummer 360 552 definitiv mit 8 PS. Der 14-PS-Schlepper unterschied sich von seinem Bruder im Aufbau geringfügig in Rahmenhöhe und -breite des Fahrgestells sowie des Gesamtgewichts. Die Kühlung erfolgte nach dem bewährten Verdampferprinzip. Um die Standzeit der Wassermenge zu erhöhen, wurde ein Zusatzwasserbehälter montiert, der beim "kleinen" Hagedorn entfallen konnte. Der Motor mit seinen wuchtigen Schwungrädern und der rechtsseitig angeordneten serienmäßigen Riemenscheibe wurde gegen die Fahrtrichtung in Mittelpunktlage auf ein stabiles Rahmenfahrgestell montiert. Die Kraftübertragung erfolgte im geschützten Kettenkasten von einem Zahnrad auf der Kurbelwelle mittels Rollenkette über ein Hurth-Dreiganggetriebe auf die Hinterachse. Die Geschwindigkeit betrug im dritten Gang je nach Größe des auswechselbaren Kettenrades und nach Motorleistung 16 bis 20 km/h. Auffällig an diesem Kleinschlepper war die Verwendung der einfachen, schon im Motormäher bewährten Seilrollenlenkung. Statt eines herkömmlichen Schneckengetriebes mit Spurstange und Kugelkopfgelenken wurde der Paralleleinschalg der Vorderräder durch eine in mehreren Windungen um eine Steuerrolle geführtes Stahlseil bewirkt.

Eine Besonderheit stellt der Westfalia-Schlepper mit der Fabriknummer 3940 aus dem Jahre 1936 dar, der mit einem 16-PS-Güldner-Motor ausgerüstet wurde und an dem werksseitig der Einbau einer Kettenlenkung vorgenommen wurde. Eine Gliederkette statt des Seiles führte dabei durchgängig bis zu den Befestigungspunkten an den Achsschenkeln. Alle Schlepper wurde serienmäßig mit Mähbalken und Riemenscheibe ausgerüstet, der Messerantrieb verfügte über eine Sicherheitsrutschkupplung. Die Bremse wurde als kombinierte Hand- und Fußbremse mit Bremswirkung auf das Differential ausgeführt. Die Bestückung der Antriebs- und der Vorderräder gestaltete sich nach speziellen Kundenwünschen und erfolgte wahlweise in Stahl-, Gummi- und Mischbereifung. Zusammen mit der Reifenfabrik Dunlop in Hanau entwickelte man für die künftige

Mit Printz Wechselpflug und Beifahrersitz

Versuche mit Hagedorn-Anbau-Kartoffelernter 1936

Standardbereifung den ersten Niederdruck-Ackerluftreifen. Die profilierten "Großvolumen-Spezial-Kleintrecker-Reifen" waren in ihren Abmessungen (vorne 5.25 x 17 / 5.00 x 19, hinten 6.00 x 20 / 8.00 x 20) auf die Hagedorn-Felgen abgestimmt. Das Gewicht der Schlepper wurde mit ca. 1 200 kg (8 PS) und ca. 1 400 kg (14 PS) angegeben. Die unterschiedlichen Abmessungen betrugen für beide Typen laut Originalunterlagen: Länge 2 500 mm / 2 800 mm, Breite 1 540 mm / 1 600 mm, Höhe 1 500 mm / 1 600 mm. Als Sonderzubehör konnte die Maschine mit Handablage für Getreidemäher, Beifahrersitz, Kreissäge, Anbaupflug und Beleuchtung erworben werden. Auf jegliche Karosserieteile, wie Kotflügel (nur als Sonderzubehör) oder Motorverkleidung wurde bis auf den Kettenschutz verzichtet. Wahl-

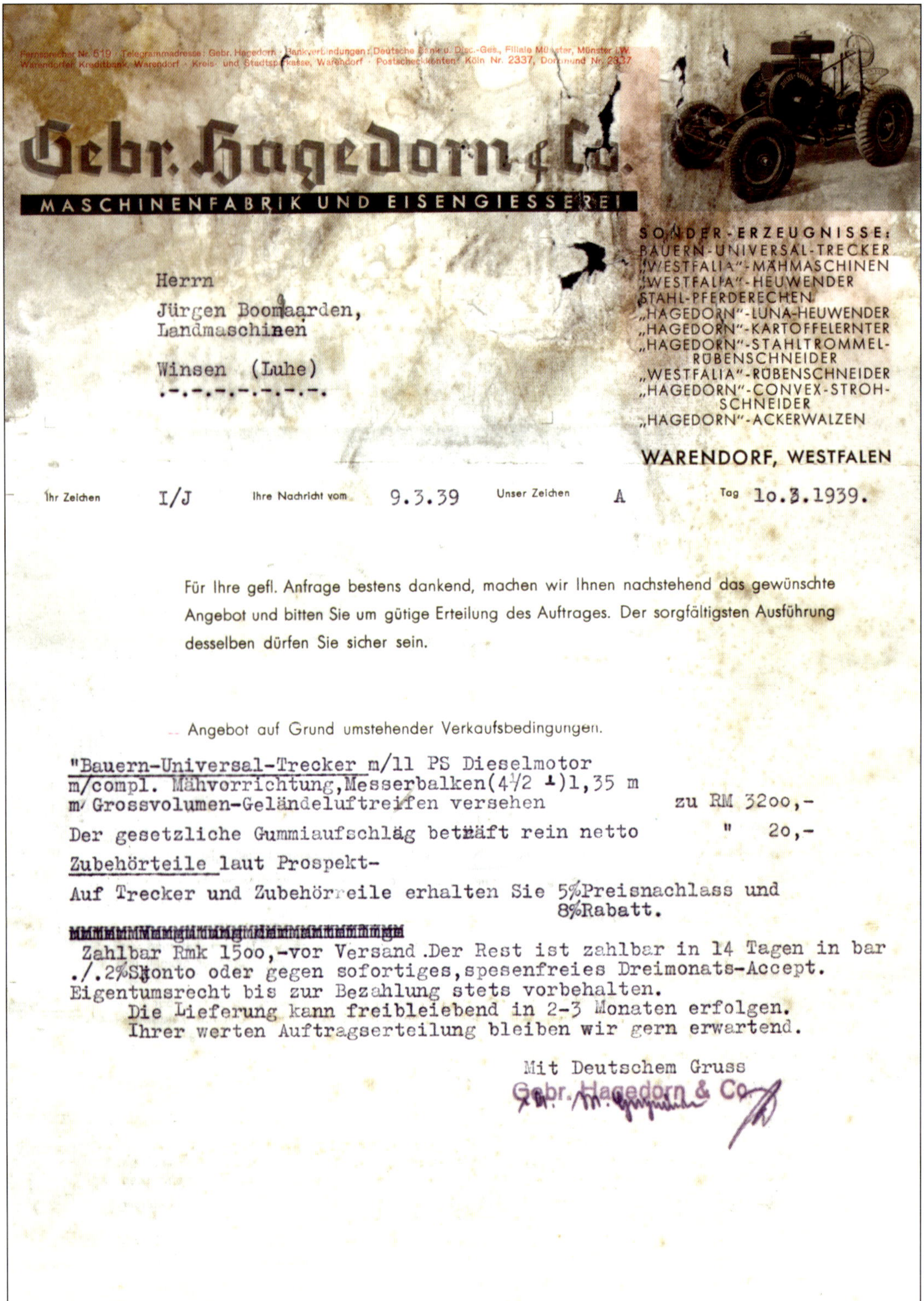

Fernsprecher Nr. 519 · Telegrammadresse: Gebr. Hagedorn · Bankverbindungen: Deutsche Bank u. Disc.-Ges., Filiale Münster, Münster i.W. Warendorfer Kreditbank, Warendorf · Kreis- und Stadtsparkasse, Warendorf · Postscheckkonten: Köln Nr. 2337, Dortmund Nr. 2337

Gebr. Hagedorn & Co.

MASCHINENFABRIK UND EISENGIESSEREI

SONDER-ERZEUGNISSE:
BAUERN-UNIVERSAL-TRECKER
„WESTFALIA"-MÄHMASCHINEN
„WESTFALIA"-HEUWENDER
STAHL-PFERDERECHEN
„HAGEDORN"-LUNA-HEUWENDER
„HAGEDORN"-KARTOFFELERNTER
„HAGEDORN"-STAHLTROMMEL-RÜBENSCHNEIDER
„WESTFALIA"-RÜBENSCHNEIDER
„HAGEDORN"-CONVEX-STROH-SCHNEIDER
„HAGEDORN"-ACKERWALZEN

WARENDORF, WESTFALEN

Herrn
Jürgen Boomaarden,
Landmaschinen

Winsen (Luhe)
.-.-.-.-.-.-.

Ihr Zeichen I/J | Ihre Nachricht vom 9.3.39 | Unser Zeichen A | Tag 1o.3.1939.

Für Ihre gefl. Anfrage bestens dankend, machen wir Ihnen nachstehend das gewünschte Angebot und bitten Sie um gütige Erteilung des Auftrages. Der sorgfältigsten Ausführung desselben dürfen Sie sicher sein.

Angebot auf Grund umstehender Verkaufsbedingungen.

"Bauern-Universal-Trecker m/11 PS Dieselmotor
m/compl. Mähvorrichtung,Messerbalken(4½ ')1,35 m
m/ Grossvolumen-Geländeluftreifen versehen zu RM 32oo,-
Der gesetzliche Gummiaufschläg beträgt rein netto " 2o,-
Zubehörteile laut Prospekt-
Auf Trecker und Zubehörteile erhalten Sie 5%Preisnachlass und
8%Rabatt.

[illegible]

Zahlbar Rmk 15oo,-vor Versand .Der Rest ist zahlbar in 14 Tagen in bar
./.2%Skonto oder gegen sofortiges,spesenfreies Dreimonats-Accept.
Eigentumsrecht bis zur Bezahlung stets vorbehalten.
Die Lieferung kann freibleibend in 2-3 Monaten erfolgen.
Ihrer werten Auftragserteilung bleiben wir gern erwartend.

Mit Deutschem Gruss
Gebr. Hagedorn & Co.

Rarität: Verkaufsofferte der Firma Gebr. Hagedorn aus dem Jahr 1939. Hier stand gerade ein 11 PS Dieselmotor von Deutz zur Verfügung – auch der Einbau von einem Güldner-Verdampfer-Motor ist belegt

weise wurde ein Zapfwellenantrieb für Getreidebinder angeboten, worauf das Reichskuratorium für Technik in der Landwirtschaft (RKTL) dem Schlepper die Eignung für den Zug eines Mähbinders mit Zertifikat bescheinigte. Der Westfalia kostete im Jahre 1936 komplett mit Mähbalken 2 975 RM (Ausführung 8 PS) und 3 575 RM (Ausführung 14 PS) zuzüglich des gesetzlichen "Gummizuschlages" von 20 RM. Von diesem robusten und unverwüstlichen Kleinschlepper wurden bis 1939 über 1 000 Stück verkauft ,der überregionale Vertrieb wurde von der Primus-Traktorengesellschaft in Berlin-Lichterberg vorgenommen.

Viele Schlepper konnten wegen ihres bewährten Einsatzes in Hanglagen nach Süddeutschland abgesetzt werden. Mit dem genügend ausgereiften Produkt bewegte sich die Fa. Hagedorn sehr erfolgreich im Trend der aufkommenden Klein- und Bauernschlepper. 1936 wurden im Deutschen Reich etwa 400 Kleinschlepper produziert, 1937 waren es bereits 1 143 Einheiten. Der Nachwelt sind heute nur noch 22 nachgewiesene Exemplare des Typs "Westfalia" aus der Bauzeit 1932 bis 1938 erhalten geblieben. Es handelt sich dabei um gesuchte Schlepper - Raritäten erster Provenienz.

Deutz Prospekt, Bauart MAH

Der 8 PS "Westfalia"-Schlepper von Hagedorn hat dem bekannten Zeichner Bodo Gottschalk "Modell" gestanden

Bauern Schlepper "Universal"

Auf der Grundlage des bewährten Baumusters präsentierte die Fa. Gebr. Hagedorn im ersten Kriegsjahr auf der DLG - Ausstellung in München 1937 einen neuen stärkeren Schlepper mit der internen Bezeichnung Westfalia "Universal". Wesentliche Unterscheidungsmerkmale gegenüber seinem Vorgänger bestanden äußerlich in einer gefälligen Motorverkleidung mit Armaturenbrett sowie hinteren Schutzblechen, die nur als Sonderausrüstung gegen Mehrpreis zu erhalten waren. Die Steuersäule wirkte nun auf ein Schneckenrollengetriebe mit geteilter Spurstange auf die Lenkung, und eine gerundete Plattform wölbte sich über Differential und Achstrichter. Das dreistufige Getriebe mit Rückwärtsgang und Differentialsperre erlaubte Fahrgeschwindigkeiten von 5, 7 und 15 km/h, nach Kettenradwechsel bis zu 20 km/h. Auch bei diesem Modell wurde auf den bewährten Deutz-Verdampfer-Motor zurückgegriffen, der in Fahrtrichtung mit dem stabilen Rahmen verschraubt wurde. Das kompakte Aggregat verfügte nur noch rechtsseitig über ein Schwungrad mit angeflanschter Riemenscheibe. Die höhere Motorleistung von 16 PS und 20 PS entsprach sowohl den konstruktiven Möglichkeiten als auch den Erwartungen im Rahmen der beginnenden Erzeugerschlacht in der Landwirtschaft.

Straßenversion des Westfalia-Treckers mit Gummibereifung und Beleuchtung

Unrestaurierter Originalzustand eines seltenen Hagedorn mit 8 PS aus dem Jahre 1936 Quelle : F. Hagedorn 1992

Auf Schleppertreffen extrem selten anzutreffen: Hagedorn "Westfalia", Bauzeit 1932-1938 Quelle: M. Bach

Hinter der Schwungradabdeckung überträgt eine Rollenkette die Motorkraft auf ein Hurth-Getriebe Quelle: M. Bach

Mit aufgesetztem Zusatzwassertank (Verdampfer) vor einem Kramer K 22 Th (Thermosyphonkühlung) Quelle: M. Bach

Hagedorn-Pavillon auf der DLG Ausstellung München 1938 – erste Präsentation des neuen Westfalia Universal

Quelle: Sammlung F. Hagedorn

Markante äußerliche Unterscheidungsmerkmale zum Vorgängermodell: Motorhaube, Kotflügel hinten, größere Bereifung, Lenkgetriebe statt Seilrolle

Quelle: Sammlung F. Hagedorn

Unikat: Hagedorn "Westfalia" Typ Universal mit stärkerem Motor, Zapfwelle, Schneckenlenkung und Motorverkleidung aus dem Jahr 1938

Quelle: Sammlung F. Hagedorn

Die Fa. Hagedorn folgte möglichen Vorgaben als berücksichtigter Hersteller von Traktoren innerhalb des "Shell-Plans". Die Maschine sollte nach ihrer Vorstellung auf der DLG 1937 in den Serienbau gehen und den bis 1938 gebauten "Westfalia" ablösen. Mit dem frühen Tod von Anton Hagedorn jr. im Jahre 1937 verlor die Firma den innovativen Wegbereiter des Bauernschleppers. Die Zukunft des "Universal" stand unter keinem günstigen Stern und wurde 1941 mit der Einstellung von Schlepperbau und Schlepperentwicklung im Jahre 1941 wegen kriegsbedingter Materialprobleme besiegelt. Über diesen extrem seltenen Schleppertyp existieren nur wenige Fotos, Abbildungen, Prospekte sowie aussagefähige Daten über Bauzeit und Stückzahl. Im Hagedorn - Archiv sind noch drei Maschinen nachgewiesen, davon ein Exemplar mit Motorhaube und hinteren Kotflügeln. Dieses absolute Unikat mit 18 PS aus dem Baujahr 1938 (Tag der ersten Zulassung 07.11.1938) wird exklusiv im Jahrbuch vorgestellt und darf sich erhöhter Aufmerksamkeit sicher sein.

Standardschlepper HS 15 und HS 25

Neues Leben in die Schlepperfertigung trat nach dem Krieg erst 1949 in Warendorf ein. Nach dem Tod von Anton Hagedorn im Januar 1943 leitete sein Bru-der Georg die Geschicke der Firma und wurde von den Söhnen der beiden Gründer, Hermann und Benno Hagedorn nach der Rückkehr aus Frontdienst und Gefangenschaft in der Geschäftsführung unterstützt. Der Neuanfang des Traktorenbaus orientierte sich am modernen Schlepperkonzept von Großserienherstellern mit verblockter Motor- und Getriebeeinheit in rahmenloser Bauweise. Im Zuge der Zeit setzte man auf einen Konfektionsschlepper mit eingekauften Getriebekomponenten und Motoren. Lediglich die patentierte neuartige gefederte Vorderachse und die Karosserie entstammten der Warendorfer Schmiede. Auf der DLG - Ausstellung in Frankfurt 1950 konnten die beiden Modelle HS 15 (15-PS-MWM-Diesel) und HS-25 (25-PS-Deutz-Diesel) erstmalig im Freigelände vor dem Pavillon einem ausgewählten Fachbesucher-Publikum vorgestellt werden. Die mit großem Werbeaufwand betriebene Präsentation zeugte von zuversichtlichen Erwartungen der Firmenleitung. Trotz technischer Besonderheiten wie einer neuartigen Vorderachsfederung und automatischer Lenkbremse sowie reichhaltigem Sonderzubehör war diesem Schlepper am Markt kein Erfolg beschieden. Auch mit

Neues Schlepperkonzept - vorgestellt werden die Typen HS 12, HS 25 auf der DLG Frankfurt 1950 Quelle: Sammlung F. Hagedorn

Die neuen Schlepper dominieren den Messestand von Hagedorn Quelle: Sammlung F. Hagedorn

Werksfoto Hagedorn HS 15

Top restaurierter HS 15 in Originallackierung mit MWM-Einbaumotor KDW 415 E, 14 PS

Quelle: Sammlung F. Hagedorn

Prospekt-Rarität: Hagedorn Schlepper HS 15, HS 25 (1950)

Technische Beschreibung und Ausrüstung der

HAGEDORN-SCHLEPPER

Typ HS 15

Motor: MWM, Wasser-Umlaufkühlung, Einzylinder stehend, Viertakt-Diesel 14 PS bei 1500 U/Min., 100 mm Bohrung, 150 mm Hub, 1,2 Ltr. Hubvolumen
oder
Deutz, luftgekühlt Einzylinder stehend, Viertakt-Diesel, 15 PS bei 1650 U/Min. 110 mm Bohrung, 140 mm Hub, 1,35 Liter Hubvolumen.

Kraftstoffverbrauch: ca. 1—1,5 kg pro Arbeitsstunde.

Umdrehungen: 600—1500 bzw. 1650 U/Min. regulierbar.

Kühlung: Wasserumlauf-Kühlung bzw. Gebläse-Luftkühlung.

Brennstofftank: 28 Liter Inhalt.

Lenkung: Spindel-Lenkung, staubdicht.

Getriebe und Hinterachse: Triebblock mit Differentialsperre, direkt am Motorgehäuse angeflanscht, 5 Vorwärtsgänge, 1 Rückwärtsgang, angebauter Mähantrieb.

Geschwindigkeiten: 3,3—5,6—8,1—11,8—20, R 3,8 km/Std. Alle Gänge sind für schwersten Dauerbetrieb bemessen, leichtes Schalten, ruhiger Lauf, gute Zugänglichkeit.

Kupplung: F & S-Mecano-Einscheibenkupplung, reichlich bemessen, leichte Bedienung, keine Wartung.

Bremsen: Doppelte Hinterrad-Innenbacken-Fußbremse mit Handhebelfeststellung und Einzelradabbremsung (Lenkbremse).

Bereifung: Vorn Spurreifen 5,00—16", hinten Ackerluftreifen 6,50—32" (Allzweck), ca. 1,20 m hoch. Dadurch besonders hohe Haftfähigkeit. (Auf Wunsch hinten Ackerluftreifen 8.00—20.")

Vorderradfederung: Neuartig, dadurch sicheres Fahren auf Acker und Straße.

Beleuchtung: Nach Vorschrift, 6 Volt Batterie, vollkommen geschützt, Lichtmaschine, Glühkerzenanlage. Anschluß für Anhängerbeleuchtung und Steckdose für Lichtanschluß.

Anhängevorrichtungen: 2 Anhängekupplungen hinten, 1 Kupplung vorne, Schiene für Ackergeräte und verschiedene Befestigungsmöglichkeiten an Block und Achstrichter für Anbaugeräte.

Maße und Gewicht: Länge 2,53 m, Breite 1,52 m, Haubenhöhe 1,41 m, Radstand 1,50 m, Spurbreite: vorn und hinten 1,25 m, verstellbar auf 1,35 m, 1,45 m, Bodenfreiheit 400 mm. Eigengewicht: ca. 1370 kg.

Wenderadius: Außen ca. 2,30 m.

Riemenscheibe: 1400 U/Min., Riemengeschwindigkeit 16,1 m/sek., Scheibendurchmesser 220 mm.

Zapfwelle: 540 U/Min.

Mähantrieb: 1000 U/Min.

Schutzbleche mit Haltegriffen.

Werkzeug.

Maximale Zugkraft am Haken: 850 kg.

Typ HS 25

Motor: Deutz Zweizylinder-Viertakt-Diesel, 25 PS, 1500 U/Min., 100 mm Bohrung, 140 mm Hub, 2,2 Liter Hubvolumen, Boschdüsen, verbesserte Brennstoff-Pumpen, Umlaufölung, auswechselbare Zylinderbuchsen, gute Zugänglichkeit durch großen, seitlichen Deckel, weitgehende Fuß- und Hand-Drehzahlverstellung vom Führersitz, Ölbadluftfilter, Brennstoffilter, Dekompression, Zahnkranz mit Anlasserdeckel.

Kraftstoffverbrauch: ca. 2—2,5 kg pro Stunde.

Umdrehungen: 600—1500 U/Min. regulierbar.

Kühlung: Wasser-Umlaufkühlung.

Brennstofftank: 28 Liter Inhalt.

Lenkung: Spindel-Lenkung, staubdicht.

Getriebe und Hinterachse: Triebblock mit Differentialsperre, direkt am Motorgehäuse angeflanscht, 4 Vorwärtsgänge, 1 Rückwärtsgang. Angebauter Mähantrieb.

Geschwindigkeiten: 3,2—6,1—10,5—19,2, R 2,5 km/Std. Alle Gänge sind für schwersten Dauerbetrieb bemessen, leichtes Schalten, ruhiger Lauf, gute Zugänglichkeit.

Kupplung: F & S-Mecano-Einscheibenkupplung K 16, reichlich bemessen, leichte Bedienung, keine Wartung.

Bremsen: Doppelte Hinterrad-Innenbacken-Fußbremse mit Lenkbremsung und feststellbare Hand-Getriebebremse.

Bereifung: Vorn Spurreifen 5,50—16", hinten Ackerluftreifen 9.00—24".

Vorderradfederung: Neuartig, dadurch sicheres Fahren auf Acker und Straße.

Beleuchtung: Nach Vorschrift, 6 Volt Batterie, vollkommen geschützt, Lichtmaschine, Glühkerzenanlage, Anschluß für Anhängebeleuchtung und Steckdose für Lichtanschluß.

Anhängevorrichtungen: 2 Anhängekupplungen hinten, 1 Kupplung vorne, Schiene für Ackergeräte sowie verschiedene Befestigungsmöglichkeiten an Block und Achstrichter für Anbaugeräte.

Maße und Gewicht: Länge 2.57 m, Breite 1,54 m, Haubenhöhe 1,37 m. Radstand: 1,60 m, Spurbreite: vorn und hinten 1,25 m, verstellbar auf: 1,35 m, 1,45 m, Bodenfreiheit 360 mm, Eigengewicht: ca. 1670 kg.

Wenderadius: Außen ca. 2,80 m.

Riemenscheibe: 1350 U/Min., Riemengeschwindigkeit 16,3 m/sek. Scheibendurchmesser 230 mm.

Zapfwelle: 540 U/Min.

Mähantrieb: 1000 U/Min.

Schutzbleche mit Haltegriffen.

Werkzeug.

Maximale Zugkraft am Haken: 1250 kg.

Sonderausrüstungen Typ HS 15 und Typ HS 25

Komplette elektr. Anlasseranlage 12 Volt.
Anbaumähwerk 1,50 m Schnittbreite, leichteste Bedienung, mit 2 Messern, in einer Minute von einer Person zu montieren.
Anbaupflüge in neuester Konstruktion von Spezialfabriken.
Ansteckbare besonders breite Schiene für Ackergeräte.
Öldruck-Hebevorrichtung (Kraftheber).
Vordere Kotflügel.
Seilwinde mit 50 m Seil und **Bergstütze** dazu.

Änderungen, insbesondere Verbesserungen, vorbehalten.

GEBRÜDER HAGEDORN & CO

Landmaschinenfabrik
Eisengiesserei

Prospekt-Rarität: Hagedorn Schlepper HS 15, HS 25 (1950)

dem hervorragend eingeführte Namen konnten sich die Erlkönige nicht gegen vergleichbare Fabrikate aus der Serienfertigung großer Hersteller mit wesentlich günstigerer Preisgestaltung behaupten. Die kurze Episode des Schlepperbaus endete nach einjähriger Bauzeit im Jahre 1951 mit nicht mehr als einer pro Monat gebauten Maschinen beider Typen.

In Warendorf beschränkte man sich wieder erfolgreich auf die Fertigung von Erntemaschinen und Ladewagen (System Weichel) bis zur Auflösung der Firma nach mehreren Besitzerwechseln mit strittigen Insolvenzen. Von den wenigen gebauten "Konfektionären" befinden sich heute nur noch drei nachgewiesene Exemplare in Sammlerhand. Es handelt sich ausschließlich um die Typen HS 15. Die Existenz eines HS 25 ist nicht belegt. Ein HS 15 mit bewegter Biografie befindet sich im Bestand der Sammlung von Franz Hagedorn.Dieser Schlepper in Komplettausstattung mit Busatis - Anbauwerk und Luftpresser aus dem Baujahr 1951 wurde nach Luxemburg ausgeliefert und in unverbasteltem Zustand 1998 "reimportiert". Er verfügt über einen wassergekühlten Einzylinder-Viertakt-Diesel-Motor (MWM-KDW 415E) mit 14 PS - verblockt mit einem Hurth-Getriebe (Bauart G 76) mit fünf Vorwärtsgängen und einem Rückwärtsgang. Mit der aufwändig durchgeführten technischen Restauration und Originallackierung nach Prospektvorlage entspricht dieser Zufallsfund dem Ausstellungsoriginal auf der DLG von 1950.

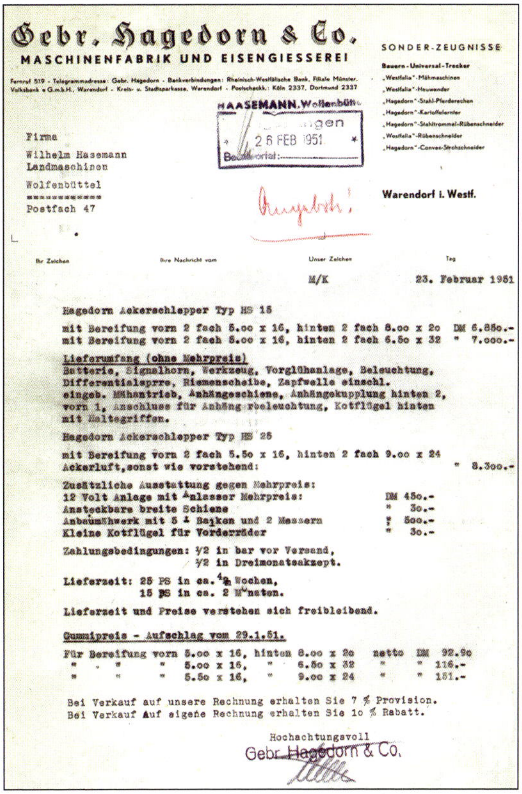

Gebr. Hagedorn & Co.
MASCHINENFABRIK UND EISENGIESSEREI

Fernruf 519 - Telegrammadresse: Gebr. Hagedorn - Bankverbindungen: Rheinisch-Westfälische Bank, Filiale Münster, Volksbank e.G.m.b.H., Warendorf - Kreis- u. Stadtsparkasse, Warendorf - Postscheckk.: Köln 2337, Dortmund 2337

SONDER-ZEUGNISSE
Bauern-Universal-Trecker
„Westfalia"-Mähmaschinen
„Westfalia"-Heuwender
„Hagedorn"-Stahl-Pferderechen
„Hagedorn"-Kartoffelernter
„Hagedorn"-Stahltrommel-Rübenschneider
„Westfalia"-Rübenschneider
„Hagedorn"-Convex-Strohschneider

HAASEMANN. Wolfenbüttel
...gen
26 FEB 1951
Beantwortet:

Firma
Wilhelm Hasemann
Landmaschinen
Wolfenbüttel
Postfach 47

Angebot!

Warendorf i. Westf.

Ihr Zeichen | Ihre Nachricht vom | Unser Zeichen M/K | Tag 23. Februar 1951

Hagedorn Ackerschlepper Typ HS 15

mit Bereifung vorn 2 fach 5.oo x 16, hinten 2 fach 8.oo x 2o DM 6.85o.-
mit Bereifung vorn 2 fach 5.oo x 16, hinten 2 fach 6.5o x 32 " 7.ooo.-

Lieferumfang (ohne Mehrpreis)
Batterie, Signalhorn, Werkzeug, Vorglühanlage, Beleuchtung, Differentialsperre, Riemenscheibe, Zapfwelle einschl. eingeb. Mähantrieb, Anhängeschiene, Anhängekupplung hinten 2, vorn 1, Anschluss für Anhängerbeleuchtung, Kotflügel hinten mit Haltegriffen.

Hagedorn Ackerschlepper Typ HS 25

mit Bereifung vorn 2 fach 5.5o x 16, hinten 2 fach 9.oo x 24
Ackerluft,sonst wie vorstehend: " 8.3oo.-

Zusätzliche Ausstattung gegen Mehrpreis:
12 Volt Anlage mit Anlasser Mehrpreis: DM 45o.-
Ansteckbare breite Schiene " 3o.-
Anbaumähwerk mit 5 ' Balken und 2 Messern " 5oo.-
Kleine Kotflügel für Vorderräder " 3o.-

Zahlungsbedingungen: 1/2 in bar vor Versand,
1/2 in Dreimonatsakzept.

Lieferzeit: 25 PS in ca. 4 Wochen,
15 PS in ca. 2 Monaten.

Lieferzeit und Preise verstehen sich freibleibend.

Gummipreis - Aufschlag vom 29.1.51.

Für Bereifung vorn 5.oo x 16, hinten 8.oo x 2o netto DM 92.9o
" " " 5.oo x 16, " 6.5o x 32 " " 116.-
" " " 5.5o x 16, " 9.oo x 24 " " 151.-

Bei Verkauf auf unsere Rechnung erhalten Sie 7 % Provision.
Bei Verkauf Auf eigene Rechnung erhalten Sie 1o % Rabatt.

Hochachtungsvoll
Gebr. Hagedorn & Co.

Angebot über die Typen HS 15 sowie HS 25 vom 23. Februar 1951

Quelle: Sammlung F. Hagedorn

„Konfektionär" mit Standardkomponenten. Motor/Getriebe-Vorderachse und Karosserieelemente stammen aus eigener Fertigung

Quelle: Sammlung F. Hagedorn

Erfolgreich mit dem Ladewagen (System Weichel) sowie Kartoffelerntemaschinen und weiteren Landmaschinen bis zur Auflösung der Firma nach Konkurs im Jahre 1973

Viermal Hagedorn: Sammler Franz Hagedorn aus Köln mit seinen drei einmaligen Exponaten aus Warendorf

Quelle: Sammlung F. Hagedorn

Daten aus dem Hagedorn-Westfalia-Archiv (Franz Hagedorn)

Typ	Bauzeit	Bestand heute	Bemerkungen
Motor-Mäher	1926 - 1930	1 Motormäher	Museum Obersdorf*
Westfalia	1932 - 1938	22 Schlepper	davon 16 Stück mit Brief oder orig. Typenschild **
Westfalia Universal	1938 - 1940	3 Schlepper	1 Stück mit original Motorhaube
HS 15	1949 - 1951	3 Schlepper	2 Stück Reimport aus Luxemburg
HS 25	1949 - 1951	Kein Schlepper	wurde nachweislich gebaut und ausgeliefert

* Der Besitzer sucht dringend einen Vergaser für den wassergekühlten 10 PS Motor
** Die Schleppernummern befinden sich oben auf der Hinterachse hinter dem Schleppersitz, teilweise auch oben in der Mitte auf der Vorderachse unterhalb der Seillenkung

Anfragen beantwortet: Franz Hagedorn, Rather Schulstraße 47, 51107 Köln

Letzter Werbeträger mit dem HS 15/HS 25 aus dem Lieferprogramm der Firma Hagedorn 1951 mit stilisierten Initialen G H (für Georg Hagedorn)

Quelle: Sammlung F. Hagedorn

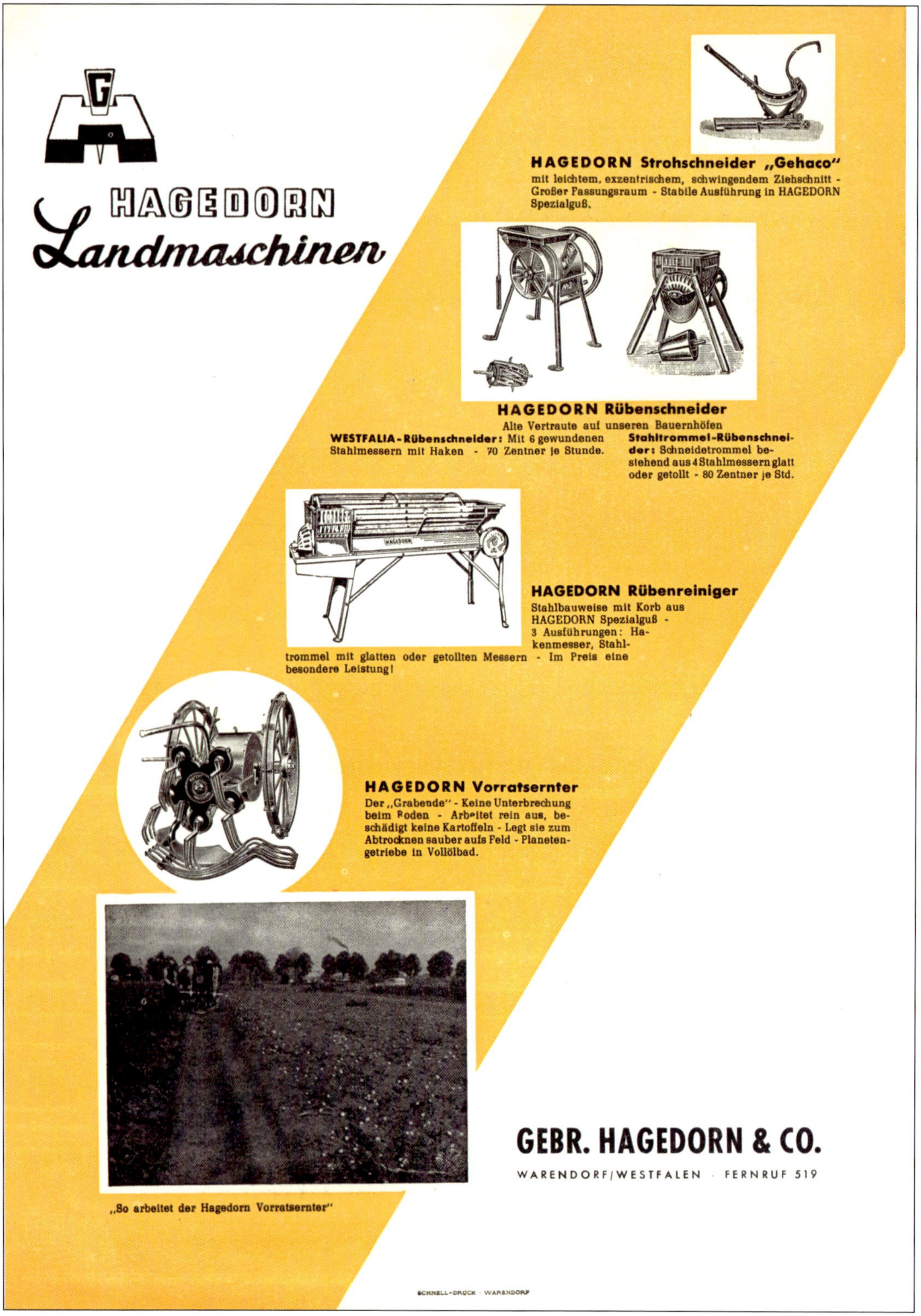

Letzter Werbeträger aus dem Lieferprogramm der Firma Hagedorn 1951

Quelle: Sammlung F. Hagedorn

Landtechnik am Steilhang

Die Maschinen der österreichischen Bergbauern

von Michael Kalcher

Die landwirtschaftlichen Betriebe der alpinen Regionen Österreichs sind hauptsächlich eher kleine, oft im Nebenerwerb geführte Familienbetriebe, die ihr landwirtschaftliches Einkommen in erster Linie aus Milchviehhaltung, extensiver Fleischrinderproduktion und Almwirtschaft schöpfen. Aufgrund dieser Strukturen und der eingeschränkten finanziellen Möglichkeiten vieler Bergbauern sowie wegen der hohen Preise neuer Spezialmaschinen sind auf Bergbauernbetrieben noch zahlreiche Geräte im Einsatz, die man ohne weiteres bereits als Oldtimer bezeichnen kann. Das Bergland ist also eine wahre Fundgrube für Freunde historischer Landtechnik. Dabei ist nicht nur die verhältnismäßig große Anzahl der vorhandenen alten Geräte interessant, sondern auch die Tatsache, dass die besonderen Anforderungen der Bergbauern oft zu ausgefallenen technischen Sonderkonstruktionen geführt haben, wie man sie anderswo kaum finden würde.

Die Mechanisierung der Berglandwirtschaft begann wesentlich später als im Flachland (etwa zu Beginn der sechziger Jahre), da zunächst die Erhöhung der Erträge produktiver Flächen im Tal lohnender erschien und die Steilhangmechanisierung den Ingenieuren der Landmaschinenfirmen wesentlich mehr Probleme bereitete. Eine weitere Überlegung war sicher, dass Großbetriebe in ebenem Gelände und in Gunstlagen finanzkräftigere und damit interessantere Kunden landtechnischer Unternehmer darstellten. Daher waren viele Bergbauern bei ihren Mechanisierungsfragen auf sich selbst gestellt und findige Bastler und Tüftler gefragt.

Der Metrac der Reformwerke Bauer in Wels wird mit 27 PS, 30,5 PS oder 38 PS angeboten

k2
BUCHER
vielseitig
enorm handlich
geringster
Verschleiss
BUCHER
BUCHER-GUYER
Niederweningen Zürich

Laut Verkaufsprospekt soll der Bucher K 2 Motormäher mit Stollenrädern bis zu 90 Prozent Steigung schaffen. Er ist mit einem luftgekühlten MAG Einzylinder-Zweitaktmotor mit 7 PS lieferbar oder mit einem Viertaktmotor mit 6 PS. Zwei Vorwärtsgänge und ein Rückwärtsgang stehen zur Verfügung. Im Straßengang ist der K 2 bis zu 14 km/h schnell. Mittelschnitt oder Normalschnittbalken von 1,15 m, 1,45 m oder 1,60 m. Hier ist eine Eingrasvorrichtung abgebildet, die das Gras zu Schwaden formt

Da die Berglandwirtschaft vor allem bei der Futterente im Sommer Arbeitsspitzen hat, waren die ersten Maschinen, die die Hänge eroberten, einachsige Motormäher. Die Vorteile dieser Geräte liegen auf der Hand: Sie sind relativ kostengünstig in der Anschaffung, aufgrund des breiten Mähbalkens und des geringen Gewichtes kippsicher und außerdem bestand keine Lebensgefahr für den Maschinisten, wenn doch einmal ein Motormäher abstürzte, abrutschte oder umkippte, da man ja nicht auf der Maschine mitfuhr, sondern nur hinterdrein lief.

Genau diese Vorteile forderten geradezu eine weitreichendere Nutzung einachsiger Geräte am Steilhang. Anstelle des Mähbalkens wurden vorne am Fahrzeug sehr bald ein Bandrechen, ein quer zur Fahrtrichtung rotierender, mit Zinken besetzter Keilriemen oder ein mit Ketten ausgestattetes Gerät (oft auch als Heuraupe bezeichnet) angebaut. So konnte das Wenden und Zusammenrechen des Dürrfutters maschinell und relativ gefahrlos bewerkstelligt werden. Viele Einachsgeräte waren mit Schnellverschlusssystemen ausgestattet, sodass die Verwendung ein und desselben Motorgerätes zum Mähen und Heuen möglich war.

Bucher K 2: Mähen und Ablegen von Getreide im Einmannbetrieb

Mit Motorheuer kann der Bucher K 2 Zetten, Wenden und Schwadenrechen

Der Reform Kombi M 12 ist ein handliches Einachsgerät für die Heu- und Mäharbeit auch am Steilhang. Der Antrieb des Mähwerks (links) läuft gekapselt im Mähwerksrahmen. Mit dem Motorheuer (rechte Seite unten) kann man vorwärts und rückwärts mit je zwei Gängen zetten, wenden und schwaden. Der Bandrechen verfügt ebenfalls über zwei Gänge: schnell für Zetten und Wenden und langsam zum Futterschonen beim Schwaden. Damit es auch steil bergauf gehen kann, ist der Kombi M 12 mit einem Zweitaktmotor von Rotax ausgestattet oder wahlweise mit einem Viertakter von MAG. Beide leisten 6,6 kW

Ein Fahrzeug, das unbedingt besonders erwähnt werden muss, ist der "Motorheuer Reform 2000". Diese eigenwillige aber höchst innovative und interessante Konstruktion entstand aus dem Wunsch, ein Gerät zu entwickeln, mit dem der Fahrer in der Lage ist, sämtliche Mäh- und Heuarbeiten mit derselben Maschine sitzend auszuführen. Der von den Reformwerken Wels hergestellte Reform 2000 wurde von einem Puch Zweizylinder – Vergaser – Boxermotor mit 22 PS angetrieben, der sich auch im bekannten Geländewagen Puch Haflinger bewährt hatte. Der Motor befand sich im Heck der Maschine, davor waren Getriebe, Hinterachse und Fahrersitz angeordnet. Gemäht wurde mit einem seitlich angebrachten Doppelmessermähbalken, ähnlich wie er bei den meisten Standardschleppern der damaligen Zeit zum Einsatz kam. Der Bandrechen befand sich zwischen Fahrerstand und der nicht angetriebenen Vorderachse. Durch diese spezielle Anordnung der Arbeitsgeräte am Fahrzeug konnte das Futter in einem Arbeitsgang gemäht und gleichzeitig gestreut (geschüttet = verteilt) werden.

Motorheuer Reform 2000 mit Zweizylinder-Boxermotor mit 22 PS von Puch

Besitzer: Josef Feichtenhofer, Turnau

„Auch wo es steil ist, mähen und heuen Sie im Sitzen" heißt es im Verkaufsprospekt des Reform Metrac 2002, dem Nachfolger des Reform 2000. Neben dem 2 m breiten Mähwerk und einem Kreiselheuer gibt es einen Bandrechen mit Arbeitsbreiten von 1,80-2,00 m und einen Düngerstreuer, der heckseitig moniert wird und 150 kg Handelsdünger fasst. Als Antrieb stehen 22 PS und 24 PS Dieselmotoren von Lombardini zur Auswahl

Reform Metrac 2002 mit Eingras-Mähwerk zum Mähen und Schwaden in einem Arbeitsgang

Reform Metrac 3003 S mit Vierzylinder Dieselmotor mit 38 PS und hydrostatischer Allradlenkung

Reform Metrac 3003/3003 S. Die Pendelachse vorne sichert den ständigen Bodenkontakt aller vier Räder

Auf Wunsch ist der Metrac 3003/3003 S mit Heckhydraulik für leichte 3-Punkt-Heckgeräte lieferbar

Der Rasant Weinberg-Trak ist konzipiert für steile Weinberge. Er ist wahlweise mit einem Dreizylinder Dieselmotor erhältlich oder mit einem Zweizylinder Benzin-Motor. Beide Varianten leisten 22 PS. Serienmäßig sind eine Schnellkupplung für das Mähwerk und Allradantrieb. Fronthydraulik (nur beim Dieselmotor) und eine Lichtanlage mit Blinker gibt es gegen Aufpreis. Der Weinberg-Trak ist universal verwendbar: Zum Transportieren von Düngemittel ist ein Transportplateau mit 300 kg Tragkraft erhältlich und es gibt einen Pendeldüngerstreuer, der im kommunalen Einsatz auch zum Streuen von Salz, Split usw. einsetzbar ist. Weiter wird ein achtdüsiger Gebläsesprüher angeboten, ein über Keilriemen angetriebener Erdbohrer, ein Schlegelmulcher nebst Sichelmähwerk und ein seitenversetzter Spezialmähbalken für Obstkulturen. Wer im Winter bequem Schnee räumen will, der kann sich ein beidseitig schwenkbares Schneeräumschild mit 1,60 m Arbeitsbreite zulegen

Der Rasant Kombi-Trak 1203 wird angetrieben von einem Vierzylinder-Dieselmotor mit 28 PS. Er verfügt über fünf Vorwärts- und fünf Rückwärtsgänge, wobei drei verschiedene Gangabstufungen möglich sind. Weiter ist der Kombi-Trak ausgesrüstet mit hydrostatischer Frontlenkung und Differentialsperre an Vorder- und Hinterachse. Der Allrad-Antrieb ist vorne abschaltbar. Der Kombi-Trak ist natürlich noch vielfältiger einsetzbar als der Weinberg-Trak. Neben den rechts bereits aufgeführten Anbaumöglichkeiten gibt es Bandrechen, Kreiselheuer, Heuschieber, Pendeldüngerstreuer, Schlegelmulcher, Sichelmähwerk, Schneeräumschild, Schneefräse und einen Erdbohrer. Außerdem lässt sich ein Ladewagen anhängen und ein Sicherheitsrahmen sowie eine Kabine aufbauen

Rasant Kombi-Trak 1203
...mit angebautem Scheibenmähwerk

Rasant Kombi-Trak 1203 mit Eingrasmähwerk (oben) und mit Doppelmessemähwerk (unten)

...mit angebautem Bandheuer

...mit angebautem Eingrasmähwerk

...mit angebautem Doppelmessermähwerk

Der Hang-Geräteträger AEBI Terratrac TT 80 aus der Schweiz ist mit einem Kubota Vierzylinder Dieselmotor ausgestattet, der 48 PS leistet. Acht reversierbare Vor- und Rückwärtsgänge, auf Wunsch zusätzlich vier Kriechgänge, gewährleisten für jede Arbeit die passende Geschwindigkeit. Man kann wählen zwischen Allrad- oder Hinterradantrieb. Die breiten Niederdruckreifen sorgen für Bodenschonung. Weiter verfügt der Terratrac über Front- und Heck-Dreipunkthydraulik und über eine lastschaltbare Front- und Heckzapfwelle. Wie beim Reform Metrac sorgt die großzügige Kabinengestaltung für optimale Sicht. Vielfältige Anbaumöglichkeiten erlauben universellen Einsatz

Stärkster Hang-Geräteträger ist der AEBI Terratrac TT 88 mit Hydrostat. Sein Vierzylinder Dieselmotor von Mercedes-Benz leistet 57 PS. Er ist mit einem stufenlosen, hydrostatischen Fahrantrieb mit unter Last schaltbarer Schnell-Langsam-Stufe ausgestattet. Zusätzlich gibt es eine mechanische Stufe für Gelände und Straße. Mittels normalisierter Front- und Heck-Dreipunkt-Hydraulikanschlüsse bietet der TT 88 eine Vielzahl von Geräte-Anbaumöglichkeiten

Reform Muli mit 11 und 15 m³ Fassungsvermögen. Der Vierzylinder Dieselmotor von Perkins leistet 40 PS

Der einachsige Motormäher war Basis für die Entwicklung der meisten anderen Bergbauerngeräte. Schnell fand man heraus, dass sich mit einachsigen Maschinen auch Anhänger ziehen lassen. Als diese Anhänger schließlich mit einer Triebachse versehen wurden, war der Weg zum Allrad - Universaltransporter nicht mehr weit. Hänger und Einachser wurden fest verbunden und die Lenkholme durch ein

Der Universaltraktor Reform Muli erlaubt eine minutenschnelle Trennung von Ladewagen und Chassis

Lenkrad ersetzt, das entweder über eine Achsschenkellenkung oder ein Knickgelenk in der Fahrzeugmitte, Fahrtrichtungsänderungen bewirkte. Zuerst wurden diese "Urtransporter" (die ursprünglich in der Schweiz konstruiert wurden, aber überall in den Alpen schnell Verbreitung fanden) lediglich zum Einfahren des Heues oder zum Ausbringen des Stallmistes, mit einer einfachen Holzpritsche verwendet. Bald schon wurden jedoch genau für diese Arbeiten aufgesattelte Lade- und Miststreuer entwickelt. Die ersten Steilhangtransporter waren ähnlich motorisiert wie ihre einachsigen Vorfahren: Einzylinder-Benzinmotoren mit etwa zehn bis zwölf PS waren Standard.

Als man die Bedeutung des Transportes erkannte und zur Serienfertigung überging, wurden die Fahrzeuge in unterschiedliche Richtungen weiterentwickelt. Die Motoren wurden stärker, bei vielen Fahrzeugen wanderte der Fahrersitz links neben den Motor und schon bald wurden Führerhäuser auf die Maschinen aufgebaut. Andere Hersteller behielten die Form mit mittig angeordnetem Fahrersitz bei, wobei auch diesen Maschinen aus Sicherheitsgründen alsbald eine Kabine verpasst wurde.

Eine interessante Weiterentwicklung auf dem Gebiet der Transporter, die sich aus dem Wunsch nach effizienten Heuladefahrzeugen ergab, war die Erfindung des Selbstfahrladewagens. Solche Maschinen waren in erster Linie zum Laden von Heu und Grünfutter gedacht, konnten aber mehr und weniger gut für andere Arbeiten (Miststreuen, Holztransport, Jaucheverteilung) adaptiert werden.

An der Front oder in der Mitte dieser kurlosen Fahrzeuge befand sich vom Fahrersitz aus gut einzusehen eine Pick-Up, die das Heu aufsammelte und in den Laderaum beförderte. Aus Platzgründen wanderte der Motor bei manchen Fabrikaten in das Fahrzeugheck (so beispielsweise beim Schweizer Hersteller Schilter). Bullige Zwillingsreifen für hohe Kippsicherheit und Allradantrieb waren jedenfalls vorhanden.

Das Konzept des Selbstfahrladewagens konnte sich nicht durchsetzen, da solche hochspezialisierten Maschinen schlecht ausgelastet werden konnten.

Heute gibt es Universaltransporter mit bis zu 110 PS, Komfortkabine, gefederten Achsen für schnelle Straßentransporte und sämtliche Accessoires, die man auch beim modernen Ackerschlepper kennt. Die Vielseitigkeit der Maschinen hat stark zugenommen, man kann mit ihnen zusätzlich zu den ursprünglich vorgesehenen Transportarbeiten alle bekannten landwirtschaftlichen Geräte betreiben.

Eine ganz andere Richtung schlugen jene Landwirte ein, die bei der Fahrt zur Arbeit einen Sitzwagen an ihren Motormäher anhängten, um nicht zu Fuß gehen zu müssen. Derartige Konstruktionen waren, vereinfacht gesagt, die Vorläufer der Zweiachsmäher oder Mähtraks. Mähtraks entstanden zunächst aus dem Wunsch heraus, größere Steilflächen komfortabler – das heißt sitzend – mähen zu können. Dafür reichte die Motorisierung des ursprünglichen Motormähers mit leichten Benzinmotoren noch aus. Hinzu kommen musste jedoch ein Fahrwerkskonzept mit breiten Achsen, Ballonreifen, Allradantrieb und einem Lenksystem, das ein enges Wenden am Ende der Wiese erlaubte. Die steirische Firma Rasant-Nussmüller löste alle diese Probleme, indem sie Motor und Fahrwerk in einer sehr flachen, breiten und daher kippsicheren Stahlwanne unterbrachte. Gelenkt wurde das Fahrzeug durch Verlangsamen der Räder einer Seite, ähnlich wie dies bei Raupenfahrzeugen praktiziert wird. Diese Maschine wurde weithin als Rasant Wanze bekannt. Der offizielle Namen lautete Bergtrak. Das Fahrzeug konnte mit sechs Rädern und verschiedenen Zusatzausrüstungen für den Weinbau geliefert werden. Diese Weinbergtraks hatten (ebenso wie der Berg-

Der Reform 600/600 SL mit 56,5 PS Vierzylinder Dieselmotor von Perkins hat einen Hubraum von 3,34 Litern

Bucher Transporter-Ladewagen TRL 2600 mit 22 PS Zweizylinder Dieselmotor von Lombardini, Allradantrieb, sechs Vorwärtsgängen, zwei Rückwärtsgängen und 2000 kg Nutzlast

trak) so kompakte Abmessungen, dass man problemlos in der Lage war, zwischen den Rebzeilen zu manövrieren.

Andere Hersteller setzten auf die Verwendung von Vorrad-, Hinterrad- oder Allradlenkung, was sich als wesentlich bodenschonender, jedoch nicht immer als handtauglicher erwies. Die allradgelenkten Fahrzeuge konnten sich jedenfalls durchsetzen, da mit ihnen bei ausreichend starker Motorisierung auch das Ziehen von Anhängern zum Heutransport sowie eine Vielzahl anderer Arbeiten spielend bewerkstelligt werden konnte, was bei einer "Wanze" nicht unbedingt der Fall war. Außerdem

Beim Bucher TRL lassen sich die Ladewagenteile leicht demontieren, so entsteht ein vielseitig verwendbarer Transporter. Auf der Straße und in ebenem Gelände kann der Vorderachsantrieb ausgestellt werden

konnten damit auf der Straße höhere Geschwindigkeiten erreicht werden.

Die heute im Einsatz befindlichen Geräte stellen zum großen Teil eine Weiterentwicklung der ursprünglich als Zweiachsmäher konzipierten Maschinen dar. Durch die Erhöhung der Motorleistung sowie den Einsatz von fein abgestuften beziehungsweise stufenlosen hydrostatischen Getrieben entstanden vielseitige Geräteträger, die sich in der Forstwirtschaft und im Kommunalbereich als sehr geeignet erwiesen. Gleich geblieben ist dabei in vielen Fällen das Fahrwerkskonzept: Fahrerstand seitlich neben dem Motor, Allradlenkung, Front- und Heckanbauraum mit hydraulischen Hubwerken und Zapfwellen.

Eine alternative, wesentlich kostengünstigere Methode als die Anschaffung teurer Spezialmaschi-

Allrad heißt auch: Vier bremsende Räder bei Talfahrt

Der Fahrer sieht, was sich beim Pick-up abspielt

Der Kratzbodenvorschub ist stufenlos regulierbar

Der Schilter 1800 Transporter wird von dem Vierzylinder Perkins-Dieselmotor mit 1,760 Liter Hubraum angetrieben der 40 PS leistet. Der Allradantrieb ist vorne ausschaltbar. Acht Vorwärts- und zwei Rückwärtsgänge stehen zur Verfügung

nen, die trotzdem zum Erlangen hangtauglicher Fahrzeuge führt, ist es, einen handelsüblichen Standardtraktor einfach aufzurüsten. Damit begannen die Bergbauern schon sehr früh. Soweit dies möglich war, wurden die Spuren verbreitert, Zwillingsräder montiert, kleinere Reifen zum Herabsetzen des Schwerpunktes aufgezogen, Fahrerschutzrahmen nachgerüstet und sogar Seilwinden für den Selbstaufzug des Fahrzeuges im extremen Gelände angebaut. Viele Hersteller wie zum Beispiel das heute nicht mehr existente Traktorenwerk Warchalowski, sowie die Firmen Krasser oder Lindner verstanden es, die Ideen der Bergbauern aufzugreifen und fertigten eigene Traktoren in Berg-Ausführung mit den oben angeführten Attributen.

Manche Firmen begannen jedoch, Standardtraktoren weiterzuentwickeln und auf Basis des herkömmlichen Traktors durch grundsätzliche Konstruktionsänderungen Steilhangschlepper herzustellen. Ein Beispiel dafür ist der Schilter Traktor. Das Fahrzeug erinnert stark an einen Schlepper. Es zeichnet sich jedoch durch vier gleich große Räder, eine Vierradlenkung und einen sehr niedrigen Schwerpunkt aus. Es wurde mit unterschiedlich starken Motoren von 32 bis 70 PS hergestellt.

Kürzlich erschien am Markt ein ähnliches Fahrzeug, diesmal von der bereits erwähnten oberösterreichischen Firma Reform. Der Reform "Mounty" ähnelt den Schilter Traktoren von einst rein äußerlich zwar sehr, ist jedoch ein wahres Hightech-Paket. Er steht den großen Ackerbauschleppern, wie sie in der Ebene Verwendung finden, an Komfort und Leistung um nichts nach.

Caterpillar Kettenschlepper AG 4 und 6

Ursprung der Caterpillar Traktoren

von Ad Gevers

Caterpillar hat seinen Ursprung in der Landwirtschaft; schon ab etwa 1880 bauten Holt und Best Mähdrescher. 1889 war der erste Dampfschlepper von Daniël Best fertig. Benjamin Holt stellte seinen ersten dampfgetriebenen Schlepper "Old Betsy" im Jahre 1890 vor. Die Mechanisierung der Landwirtschaft hatte be-gonnen. Beide Maschinentypen hatten Probleme auf feuchtem Untergrund. Auch die Verbreiterung der Räder brachte keinen Erfolg.

"Best Tractor Co" setzte Raupenketten ein, die zwar nicht die Idee ihres Gründers waren. Dennoch war Best maßgebend verantwortlich für die Durchsetzung der Ketten.

"Holt Manufacturing Co" entwickelte ihr eigenes System, das die Firma 1904 testete. Die hinteren Räder des Dampfschleppers 77 wurden duch Ketten ersetzt. Die Entwicklung der Neuzeit des Kettenlaufwerks für Traktoren war geboren.

1906 kam Holt als erster mit einer Serienmaschine, Nummer 122, auf den Markt. Der Verkaufspreis war $ 5.500. 1908 verkaufte Best seine Firma an Holt, aber Bests Sohn Clarence L., der Direktor

Der erste seriengebaute Dampfraupenschlepper. Hold verkaufte ihn 1906 für $ 5.500

Doubling for DAD

SIXTEEN-YEAR-OLD Nedra Bowman (Goldendale, Oregon) mounts the easy seat of her father's "Caterpillar" Thirty Tractor and pilots it expertly around the steep hillsides to do the plowing. . . . Harold Arbon (Arbon, Idaho), when 9 years old, operated his father's "Caterpillar" through the harvest—handled it with ease and accuracy, pulling the Combine. . . . Mr. T. G. Whipple (Vancouver, Washington) farms without outside help—his daughters are proficient "Caterpillar" drivers.

You'll find many such instances! Young folks enjoy doubling for Dad on the family "Caterpillar" Tractor. Dad appreciates their help—often it's a boon to the budget.

He trusts the positive traction, the ease and sureness of control, the rugged strength—of the "Caterpillar" track-type Tractor. He realizes that his boy or girl is learning the fundamentals of Better, Quicker, Cheaper farming.

Zeitungsanzeige vom 4. Februar 1932. Links: Cat D6 mit einer älteren, gezogenen Holt-Caterpillar Kombine. Diese Maschine wurde bis in die dreißiger Jahre gebaut. Danach wurde die gesamte Kombine-Linie an John-Deere verkauft

An Demonstrationstagen in den Dreißigern verteilte man Fächer, die zeigten, wie leicht es war einen Cat zu lenken

dieser Firma wurde, gründete 1910 seine eigene Firma. Den Namen "Caterpillar" verdanken wir dem Werksfotografen Charles Clemens, der einen Dampfschlepper von Holt observierte: "it crawls like a caterpillar, Ben Holt agreed; Caterpillar it is, that's the name for it".

1910 lies Holt Manufacturing Co den Namen "CATERPILLAR" als Markennamen schützen. Bis zum Anfang des Ersten Weltkrieges hatten die neuen Kettentraktoren ein über die Grenzen der Vereinigten Staaten hinausreichendes Ansehen erlangt.

Es dauerte bis 1925 ehe Holt wieder zusammenarbeitete mit Best und die Firma "Caterpillar Tractor Company" entstand. Es sollte so sein, denn alle großen Firmen entstanden aus zwei Familien, wie Harley-Davidson und Rolls-Royce. "Caterpillar Tractor Company" hatte und hat noch immer den Ruf, mit neuen Techniken die Nase vorn zu haben. So baute die Firma 1931 den ersten Raupenschlepper mit Dieselantrieb, den DIESEL SIXTY. Fast alle Traktoren, die sie herstellte, sind wohl in der Landwirtschaft gebraucht. Einige sehr bekannte Typen sind THIRTY, 22,

Caterpillar baute 1931 als erster einen Dieselmotor in einen Raupenschlepper ein und wohl in diesen Cat 60, der noch aus dem Best-Programm hervorkam. Es war die erste Maschine in der neuen Farbe "CAT hi-way yellow"

Cat D2 von 1950; per Handbedienung werden Rüben gerodet

Der stolze Landwirt mit seinem neuen Cat D7

R4, RD6. Gerade vor dem Zweiten Weltkrieg entstand die D-Serie. Alle diesen Traktoren, die D2/,4/,6/,7/,8 und sogar die D9 waren bei den Landwirten sehr beliebt.

In den sechziger Jahren wurden die Raupenschlepper untergliedert in Bau- u. Landwirtschaftstraktoren. Diese letzte Kategorie bekam als Typzufügung die Buchstaben SA, die für "Special Application" stehen. Bis in die späten Siebziger wurden die folgenden Maschinen gebaut: D4CSA, D5SA, D6 CSA. Die Nachfrage nach Planierraupen und Baumaschinen war durch den Aufschwung des Autobahnenbaus und die Aufdeckung der Bergwerke weltweit so groß geworden, dass nur wenig gemacht wurde an der Entwicklung der Landwirtschaftsmaschinen. Maschinen, die dennoch das Erbgut von Caterpillar bilden.

Die Typen SA

Anfang der achtziger Jahren startete die Firma mit den besten Raupenschleppern, die die Landwirte je gesehen hatten. Es waren folgende Typen: D3BSA, D3CSA, D4ESA, D5BSA, D6DSA, D7GSA, D8LSA, D9Nag. Sie waren Standardtraktoren mit Anpassungen aus dem Custom Machine Product-Programm. Diese Abteilung hatte man Ende der siebziger Jahre gegründet, weil es überall in der Welt Nachfrage nach Maschinen für Sonderzwecke gab. Bei Caterpillar wollte man diese Maschinen direkt ab Werk liefern, damit der Kunde sofort an die Arbeit konnte, ohne dass beim Händler noch allerhand Anpassungen und Änderungen vorgenommen werden müssten. Einige Beispiele sind Maschinen für die Müllverarbeitung, Maschinen für das Forstwesen, Röhrenleger, Kohlescraper, LPG und die hier erwähnten SA-Traktoren. Diese hatten mehr PS, längeres Untergestell und Direktgetriebe für eine größere Zugkraft. Viel Zubehör kam vom nachfolgenden Typ. Als 1984 der D3BSA mit seiner langen Motorhaube erschien, gab es nur wenig Interesse. Dieser 101 PS starke und sieben Tonnen schwere Schlepper, der ab Werk mit einem Hebewerk und PTO versehen werden konnte, wurde nur wenig verkauft. Der Grund: die Nachfrage nach kleineren Maschinen war gering. Anders war das mit den Typen D4ESA, D5BSA und D6DSA, die 1978 und 1979 für die Landwirtschaft hergestellt wurden. Mit ihrem flachen Kabinenboden und mit der etwas schräg nach unten verlaufenden Motorhaube waren diese Schlepper wirklich Spitzemodelle.

Durch das hydraulische Lenkgetriebe und das hydraulische Bremssystem konnte man diese Schlepper leicht bedienen. Die Motoren hatte man ausgestattet mit VHP: Variable Horse Power. In den unteren Gängen leistet der Schlepper normal, aber wenn man in die oberen Gänge schaltet, wird automatisch mehr Brennstoff eingespritzt, wodurch der Schlepper mehr leistet und schwerere Werkzeuge mit höherer Geschwindigkeit ziehen kann.

Für den D4ESA bedeutete das in den Gängen 1 und 2-97 PS, in den Gängen 3, 4 und 5-125 PS. Für

Als der D6B ersetzt wurde durch den D6C, wurde der B weiter ausgebaut als der D5. Davon gab es auch eine SA-Ausführung mit angepasstem Sessel. Ganz oben: Holländische Briefmarke mit Cat D4 und Selbstbinder

Den D8 gab es nicht in dem SA-Programm, aber wenn man in den Siebzigern viel PS brauchte, kauften Landwirte normale Dozer, die für die Landwirtschaft umgebaut wurden, wie dieser D8K

Ein D3BSA konnte 70% seines eigenen Gewichtes ziehen. Bei einem Radschlepper sind das 45% - 50%

den D5BSA waren es in den Gängen 1, 2 und 3-120 PS und in den oberen Gängen 4, 5 und 6-175 PS. Der D6DSA hatte in den Gängen 1, 2 und 3-165 PS und in den 4, 5 und 6-240 PS. Nun gibt es Leute, die sagen, Caterpillar habe hier getrickst, wenn sie behaupteten, dass die Regelstange der Brennstoffpumpe in dem oberen Gang weiter durchgezogen wurde, wodurch mehr Brennstoff eingespritzt werde. Der wahre Grund sei, dass die Brennstoffpumpe gerade anders herum arbeitet.

In den unteren Gängen wurde die Kupplung auf dem Endantrieb so groß, dass diese abzuscheren und abzudrehen drohte. Im Gegensatz zum beschönigenden Verkaufsgespräch musste die Motorenleistung in den unteren Gängen reduziert werden, damit das Durchdrehen der Kette beim Anfahren vermieden wurde. Die Wahrheit möchte ich in der Mitte liegen sehen. Es ist wohl so, dass das VHP-System auf der SA-Serie von Caterpillar gut funktionierte. Diese Schlepper konnten als Standard mit einem breitem und langem Fahrgestell und mehreren Raupenplatten, sogar mit LGP-Platten, ausgestattet werden. Mit diesen Fahrgestellen konnten sie auf jedem Untergrund und unter allen Witterungsverhältnissen eingsetzt werden. Die Arbeitsgewichte waren jeweils 7.5, 10.9 und 13.5 Tonnen. Noch bis zum heutigen Tag werden die D4 und D6 in Brasilien gebaut. Man unterscheidet dabei die Typen D4ESR und D6DSR. Dabei stehen die Buchstaben SR für

Mit einem Cat D4E hat man nie einen platten Reifen

D5B mit LGP-Laufwerk. Das Laufwerk sorgte dafür, dass der D5B schon auf dem Ackerland tätig war, als die Radschlepper noch lange im Schuppen weilten

Der wohl beliebteste der SA-Maschinen ist der Cat D6DSA

Durch den Einsatz des Cat D7GSA auf großen Betrieben konnten die Kosten pro Hektar extrem niedrig gehalten werden

Super-Rural. Die meisten hat man mit einem Dozerschild ausgestattet. Der D7GSA war aber ein Schlepper für die großen Bauernhöfen, denn dieser Schlepper, der 1981 auf den Markt kam, hatte ein Gewicht von 18.5 Tonnen. Er lieferte 250 PS aus der Cat 3306 mit Turbo und Aftercooling. In Japan hat man noch bis 2000 den D7 fabriziert. Der D8LSA war wirklich etwas Besonderes: ein Raupenschlepper mit einem Cat 3408 Motor mit 400 PS und einem Gewicht von 36,5 Tonnen. Umwerfend! Der Schlepper eignete sich für das Tiefpflügen in den kalifornischen Ebenen. Für Deutschland bot Cat-Vertreter Zeppelin sogar den D5HDA und den D6HDA an. Dies waren normale Dozer, die extra für den Zugmaschineneinsatz angepasst werden konnten. Durch den einfach demontabelen Schild konnten sie entweder als Dozer oder als Zugmaschine eingesetzt werden. Mit Pendelzughaken für Pflüge und andere Geräte entstand somit die Maschine für die Landwirtschaft.

Nur für Deutschland ein Cat D6HDA mit reduzierter Motorenleistung von 165/216 PS und im Hintergrund ein D5HDA mit 120/150 PS

Ein Cat D8LSA mit einem extra großen Brennstofftank, der einzige mit Delta-Laufwerk in dem SA-Programm, wovon 357 Exemplare produziert wurden. Von seinem Nachfolger gab es auch einige, aber der bekam die Typbezeichnung D9 Nag

AG 4-6 Tillage Tractor Serie

Und konnte es noch besser werden nach der SA-Serie? Jawohl, es kam die AG Tillage Tractor-Serie. Ich dachte wirklich, dass man mit AG, Ad Gevers meinte, aber darüber hatte man bei Caterpillar andere Gedanken, denn AG bedeutet "Agricultur", übersetzt "Landwirtschaft".

Die AG-Maschinen wurden von Caterpillar Custom Machine Products (CMP) hergestellt. Der D4ESA und D6DSA sind die Schlepper, woraus die AG4 und 6 entwickelt wurden. So wurde die AG6 auf derselben Linie gebaut wie der D6DSA, obwohl das verlängerte Gestell und die Kabine von einem Zulieferer bezogen wurden. Zu gleicher Zeit wurde auch an dem Challenger 65 weiter entwickelt, der zusammen mit den AG-Schleppern 1986 auf den Markt kam. Die Ähnlichkeit zwischen Challenger 65 einerseits und dem AG4 und 6 kommt also nicht von ungefähr. So gab es eine ähnliche Kabine, die man zwecks einer gelenkigeren Fahrt mehr in der Mitte des Schleppers angebracht hatte. Die Kabine war mit allen Schikanen ausgestattet, mit Airco, gefilterter Überdruckinstallation, Radio, großer Sonnenschutzscheibe rundherum, für eine bessere Sicht, gefedertem Sessel mit Sitzregelung für vier Stufen und mit der Möglichkeit, den Sessel 25 Grad nach rechts oder links zu drehen, damit man einen besseren Blick auf die angebauten Geräten hat.

Der AG4 präsentiert sich mit einer vorzüglichen Sicht. Unten die Maße der AG4

Die Lenkgetriebe siedeln von der Mittelkonsole zur linken Armstütze um, wo sie mit dem Sesssel mitschieben. Aus der Bulldozerwelt hatte man das Decelertorpedal übernommen. Man stellt das Handgas ein. Wenn man nun am Ende eines Ackers oder in Kurven mit dem Fuß auf das Pedal tritt, nimmt man Gas zurück. Dies bedeutet eine geringere Belastung für das Bein und man hat die Hände frei für die Bedienung der Werkzeuge.

Das Maschinengestell des AG4 wurde mit 1067 mm gegenüber dem D4ESA verlängert und das des AG6 um 965 mm mehr als das des D6DSA. Somit konnten der Kühler, der Motor, die Kupplung, die Kabine und der Dieseltank weiter nach vorne gebaut

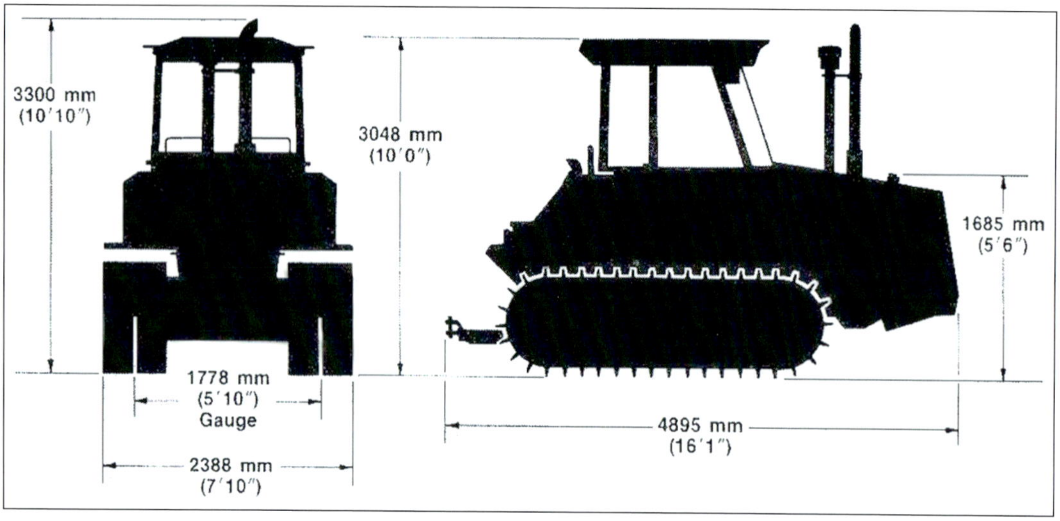

Dieser AG4 wurde 1987 angepasst mit dem Mobil-Trac-System. Schön ist die hinaufgehende Gummiraupe, eine Idee, die etwas später bei dem Challenger 35-45-55 angewendet wurde. Achten Sie auf das Lenkrad

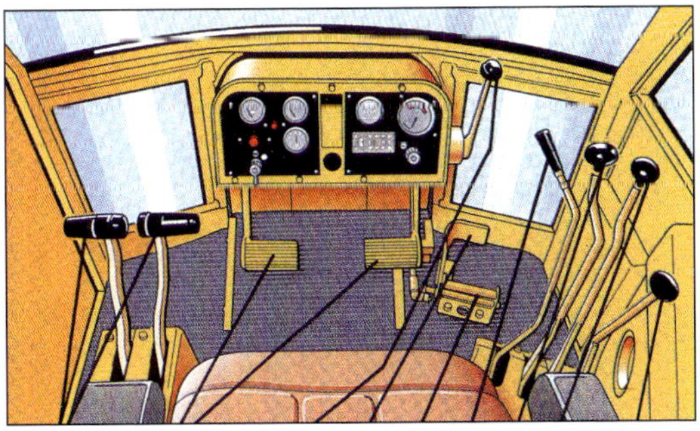

Alle Hebel wurden ergonomisch aufgestellt

werden. Es gab eine bessere Ballance, man brauchte weniger Frontgewichte und das Totalgewicht blieb so niedrig wie möglich. Der 4 hatte ein Gewicht von 10.521 kg und der 6 wog 14.787 kg.

Um den Bodendruck gegenüber dem D4ESA und dem D6DSA zu verkleinern, wurden die Laufwerke angepasst. Sie wurden um 395 mm und 508 mm verlängert, wodurch mehr Raupenschleppervolumen auf den Boden drückte. Der AG4 gebrauchte dazu sechs Unterrollen und die AG6 hatte sieben. Laut Caterpillar hatten die AG-Schlepper hierdurch den Vorteil von 60% Bodendruck, weniger Schleudern und einen niedrigeren Brennstoffverbrauch gegenüber vergleichbaren 4WD-Schleppern. Ein solcher Bodendruck ist dem Saatbeet förderlich. Dieses wird nämlich nicht so verdichtet, was dem Wachsen des Saatgutes zugute kommt. Aber das war schon immer der Vorteil eines Raupenschleppers gegenüber einem Radschlepper.

Beim AG4 wählte man den Cat 3304 Vierzylinder Viertakter von 7 Liter mit VHP in den Gängen 1 und 2 mit 97 PS und in den Gängen 3, 4 und 5 mit 125 PS. Den AG6 hatte man ausgestattet mit einem 10.5 Liter Cat 3306 Sechszylinder Viertakter, auch mit

Autor Ad Gevers 1986 bei einem AG6 während eines Urlaubs in Kalifornien

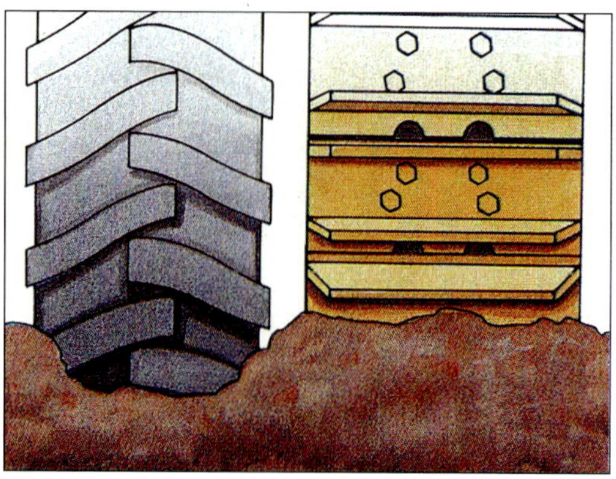

Raupenschlepper haben meistens die Hälfte des Bodendrucks im Vergleich zu Radschlepper

Es gab fünf "hydraulic circuits" mit Schnellkupplungen für die Bedienung der Werkzeuge

VHP. In den Gängen 1, 2 und 3 hatte dieser 200 PS und 240 PS in den Gängen 4, 5 und 6.

Es gab keine Hubvorrichtung oder PTO für die AG-Schlepper, aber es gab ein avanciertes, hydraulisches System mit fünf Kreisen, die nachfolgende Funktionen hatten: heben, senken, fest und einen Schwebestand, der in jedem Hydraulikkreislauf über Handbedienung ausgeschaltet werden konnte. Von den fünf Kreisen waren vier mechanisch und einer elektrisch-hydraulisch zu bedienen. Der hydraulische Behälter hatte einen Inhalt von 66,2 Liter und mit einem Brennstofftank von 624,5 Liter war ausreichend Diesel an Bord für einen sehr langen Arbeitstag auf dem Feld. Hier folgt ein Brief eines Bauers in den Vereinigten Staaten, in dem er das Arbeiten mit einem AG6 beschreibt:

"Hey Ad here are some thoughts on the AG6. I did get to run an AG6, but all too briefly. My long time friend Paul Schanno owned one for a couple of years and I ran it for him just a few times. I grew up running steel track crawlers here on dry land wheat ground. I broke in on a 7U D-4, spent a lot of time in a 9U D-6 and several D-5's. One of my favorites was a D-6D SA that Paul owned and eventually traded for the AG6. The AG was the best steel tracked machine that I ever ran. As good as the older Cats

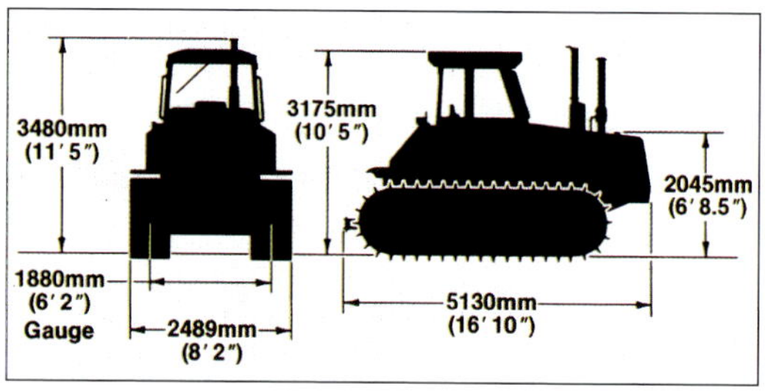

Die Masse der AG6

are, they still were not built from the ground up as a farm tractor. They were dozer cats with an ag (direct drive) transmission and a swinging draw bar. Under load, they rock back into the drive sprockets, which means less traction on the front of the track frame. A lot of D-5B's & D-6's have counter weights under the nose to address this problem. The AG6 was built from the ground up as an Ag tractor. As in the later Challengers, the motor was moved foreward to give much better balance. We could see this at SRS (Schanno Ranches) when operating on steep slopes.

Der Auspuff und der Luftfilter waren zwecks besserer Sicht in einer Linie auf die Motorhaube gestellt

On a steep patch of summerfallow ground towing 40 to 60 foot implements, the old cats would tend to let the nose go up hill and slew across the slope. The AG6, with its much better balance would stay nose down, all of the track pulling and leave very little mark on the hill. And power...wow, we had never had such power before. We never had to shift too much as the 3306 motor was turned WAY up. I ran Pauls D-5B in the same field with the AG6 plowing a night shift. We were both pulling 10 bottom 18" broken back plows; where I had to shift down to 3rd gear, the AG6 stayed in 5th gear. The operator comfort was great. I fell in love with the steering clutch controls that were right on the left hand side of the seat. The seat rotated, so the "frictions" went right along with you as you turned in the seat. One of my minor complaints about the AG stems from this; when turned to the right it was awkard to reach over and operate the master clutch. The transmission shifter (3 levers!) was a little strange and I am sure CAT would have changed this had this model been continued. Originally, CAT intended to offer both the Challenger and the AG line. However, the mobility of the rubber tracks won out. One of my neighbors tried out a Challenger 65 & a AG6; he told me that the AG outworked the Challenger by far &

Armaturenbrett mit rechtsunten das Decelertor-Pedal

Breite Armlehnen und reibungslos funktionierende Hebel

he loved the tractor ... but he bought the 65 because of the moving issue. With the rubber tracks, you can fold up the implement, open the gate and head out on the road to the next field. With the AG6, you have to drop off the implement and then load the tractor on a truck and haul it to the next job. Thats the reason that SRS traded off their AG for a Challenger, even though it was a great machine."

Leider hat man von dem AG4 nur vier Exemplare hergestellt. Mit Ausnahme der Prototypen ist der AG4 also der seltenste Caterpillar. Keinen der AG4-Typen könnte man sich beschaffen; Caterpillar benutzte sie als Forschungs- und Testmaschine für das Challengerprogramm. Über die hergestellte Anzahl der AG6 ist man nicht einer Meinung; es könnte sich zwischen 1986 und 1993 um etwa 100 verkaufte Exemplare handeln. Viele davon sind nach Südamerika exportiert worden. Einige Maschinen hat man sogar mit dem Mobil-Trac ausgestattet. Der große Erfolg des Challengerprogramms hat das AG-Programm fertig gemacht. Deshalb ist der AG ein seltener Schlepper geworden, den wir nicht so schnell zu Gesicht bekommen werden. Sogar im Internet muss man lange nach ihm suchen.

JOHN-JOHN MC-URS-THOMAS-HARRY-TOON-RUUD-KLAAS
THANKS – DANKE – DANK JE WEL

Caterpillars AG6 Schlepper "The new balance of power"

Seltene Aufnahme eines AG6 mit Toolbar und Dozerblatt, der eine Rome Scheiben-Egge zieht

Eine spätere Serie der AG6. Man sieht das an der abweichenden Dachlinie. Das Fahrgestell wurde im Vergleich zur D6DSA um 50 cm verlängert

Der Bauer hat den Einlass und Auspuff dieser AG6 verlagert auf den Kotflügel an der rechten Seite. Er hat das getan weil, auch Caterpillar es beim Challenger geändert hat, als die neue D-Reihe eingeführt wurde. Unten: Die große Konkurrenz für den AG4-6 kam aus dem eigenen Werk und wohl von diesem Challenger 65. Hier bei der Einführung auf der Bauma in München

Traktorenbau in Nordhausen

von Horst Hintersdorf

Soweit bekannt, gibt es zurzeit noch keine geschlossene Abhandlung über den Traktorenbau in Nordhausen. Es existieren Einzelaufsätze und spezielle Abhandlungen, in denen die Aussagen nicht immer übereinstimmen. Diese Feststellung ist keine Kritik an den Autoren. Ihre Bemühungen um eine Darstellung wurden bestimmt durch den jeweiligen Erkenntnisstand. Eine Bearbeitung des Themas unter Berücksichtigung dieser Vorarbeiten zu einem späteren Zeitpunkt hat den Vorteil, dass deren Erkenntnisse, bei einer notwendigen Abwägung der Fakten, ein verbessertes Bild ergeben kann. Dass heißt aber immer noch nicht, dass es umfassend erarbeitet ist.

Nachstehender Aufsatz ist entstanden auf der Basis des eigenen jahrzehntelangen Umgangs mit der DDR-Landtechnik. Sich im Laufe der Zeit eingestellte Gedachtnislucken und fehlende Kenntnisse bei Einzelheiten wurden ergänzt durch die Informationen durch persönliche Kontakte mit Kennern auf diesem Gebiet, insbesondere den Herren H. Kieber, Nordhausen, W. Gebhardt, Bad Homburg und U. Siemer, Rastede.

Nordhausen als Standort des Fahrzeugbaus – Die Zeit bis zum Ende des Zweiten Weltkrieges

Fahrzeuge wurden schon relativ früh in Nordhausen gebaut, nämlich als Schienenfahrzeuge in Form von Lokomotiven. Damit entwickelte sich auch ein Motorenbau.

1905 wurde durch die Nordhäuser Bürger August König und Albert Gerlach die Firma "Gerlach & König" zur Fertigung von bergbautechnischen Geräten wie Lufthämmer, Drehbohrmaschinen, Bohrhämmer und pneumatische Stoßbohrmaschinen gegründet.

1907 wurde der Firmenname in "Maschinenfabrik Montania" geändert und eine neue Fertigung aufgenommen. Motorlokomotiven mit einer Leistung von 8 PS bis 30 PS für Gruben- und Feldbahnen in Schmalspurausführung sowie Normalspur-Motorlokomotiven für den Rangierdienst bestimmten nun das Produktionsprofil.

Der Absatz lief zunächst über die Verkaufsorganisation von "Orenstein & Koppel". Wirtschaftstechnische Überlegungen führten 1912 dazu, sich diesem Konzern voll anzuschließen. Die Firmierung lief jetzt als "Orenstein & Koppel, Arthur Koppel, Maschinenfabrik Montania, Nordhausen".

Mit einigen Stichpunkten soll nun die weitere Entwicklung dieses Betriebes aufgezeigt werden.

Neu aufgenommen wurde der Bau von Zweitakt-Glühkopf-Rohölmotoren nach dem System

Der Roland von Nordhausen. Er schaut etwas betrübt in seine ehemals wirtschaftlich sehr rege Stadt

Bolinder, Stockholm. In Petersburg besaß das Unternehmen in den Jahren 1912/13 eine Filiale zum Vertrieb von Motorlokomotiven. Mit dem Beginn des Ersten Weltkrieges wurde die Produktion auf Kriegsbedarf umgestellt. Motorlokomotiven mit liegendem Langsamläufer-Ottomotor und Verdampfungskühlung, Glyzerin-Zylinderluftpumpen, Knorrbremsen für die Eisenbahn, Radnaben für Lafetten und Untergestelle für Maschinengewehre gingen in das Produktionsprogramm ein.

Unmittelbar nach Kriegsende erfolgte die Wiederaufnahme des Lokomotivbaus. Fahrzeuge mit stehendem schnelllaufenden Ottomotor und Leistungen von 6 bis 50 PS entstanden. In den Jahren 1922 und 1923 wurde sogar die Versuchsfertigung eines Raupenschleppers mit 15 PS Leistung aufgenommen, aber aus finanziellen Gründen wieder eingestellt. Leider gibt es zu dieser Maschine keine überlieferten technischen Angaben oder gar Bilder.

Die durch hohe Leistungen bekannte ORENSTEIN & KOPPEL A.G. heißt ab Januar 1940 bei unverändertem Umfang und Aufbau des Fabrikations-Programms und der Verkaufs-Organisation:

MASCHINENBAU UND BAHNBEDARF A.G.

VORMALS ORENSTEIN & KOPPEL

HAUPTVERWALTUNG BERLIN SW 61

ZUR MBA GEHÖREN IM INLAND: 14 GESCHÄFTSSTELLEN, 5 WERKE UND 4 TOCHTERGESELLSCHAFTEN. DIE AUSLANDSORGANISATION UMFASST RUND 120 GESCHÄFTSSTELLEN, WERKE, TOCHTERGESELLSCHAFTEN UND VERTRETUNGEN.

Ausschnitt aus dem Titelblatt vom Heft Nr. 1/1940 der Zeitschrift des Vereins deutscher Ingenieure

Die Krisenzeit der zwanziger und dreißiger Jahre überstand das Unternehmen so recht und schlecht. Die Motorenfertigung für den Lokomotivbau wurde dem Entwicklungsstand angepasst. Ab 1928 kamen Dieselmotoren in das Produktionsprogramm. Das "Acro-Verfahren", das von der Firma Robert Bosch, Stuttgart, entwickelt wurde, fand Anwendung. Später wurde dann nach dem "Colo-System" gearbeitet, ein Verbrennungsverfahren, das in der Geschichte des Nordhäuser Motorenbaus eine nicht unerhebliche Rolle spielte. Wenn auch über die damalige konstruktive Ausführung keine verbind-

Auch Firmenembleme sind Teil einer Traktorengeschichte

Ein sehr gut restaurierter SA 751 der frühen Ausführung

lichen Informationen vorhanden sind, ist der Entwicklungsweg über die späteren MBA-Schlepper und dem Rogge-Motor nachzuvollziehen. Angemerkt sei an dieser Stelle, dass der Meinung, das Colo-Verfahren sei auf Hasselwander zurückzuführen, nicht gefolgt werden kann. Der von Hasselwander ausgeführte Kolbenaufsatz hatte eine ganz andere funktionelle Bedeutung.

Eher schon ist der Ursprung zum Colo-Verfahren bei Prosper L'Orange zu suchen, der bei seinen Vorkammerversuchen bei Benz um 1910 auch den Kolbenaufsatz mit im Programm hatte, eine Erfindung, die schon das britische Patent Nr. 4984 vom Jahr 1899 beschreibt. In der Literatur der früheren Jahre taucht auch dazu der Begriff "offene Vorkammer" auf. Dieser spezielle Exkurs in die Motorengeschichte soll aber an dieser Stelle nicht weiter ausgebaut werden.

Feldbahn- und Grubenlokomotiven mit einem 33 PS Dreizylinder-Dieselmotor fanden rege Nachfrage. Die Weltwirtschaftskrise Anfang der dreißiger Jahre ging am Unternehmen nicht spurlos vorbei. Aufschwung kam dann mit dem Autobahnbau mit seinem hohen Bedarf an Feldbahnlokomotiven.

Die jüdischen Gründer beziehungsweise Besitzer des Unternehmens waren aber den nationalsozialistischen Herrschern ein Dorn im Auge. Schon ab 1938 wurde auf eine Namensänderung hin gearbei-

Der SA 751 in der MBA-Ausführung. Zumindest die runde Kühlerabdeckung dürfte dann später beim DDR-Schlepper RS 02/22 "Brockenhexe" Pate gestanden haben

Der SB 751 in der eckigen Ausführung. In dieser Form dürfte er nur in wenigen Stückzahlen gebaut worden sein. Rechts der „runde" SB 751, wie er in Serie lief

Schrägansicht des Straßenschleppers 28/30 PS, unten die Frontansicht. Bemerkenswert ist der Schriftzug Montania, der an den ehemaligen Unternehmensnamen erinnert

tet. Ab Beginn des Jahres 1940 wurde diese offiziell vollzogen und die Unternehmensbezeichnung "Maschinenbau und Bahnbedarfs AG, vormals Orenstein & Koppel" publik gemacht. Der Zusatz "vormals Orenstein & Koppel" war ein notwendiges Zugeständnis der seinerzeitigen Machthaber an den Bekanntheitsgrad der Firma, um damit auch weiterhin auf dem internationalen Markt präsent bleiben zu können.

Im Trend der Zeit lag auch, dass das Unternehmen in den Traktorenbau einstieg, da durch die nationalsozialistische Führung die Motorisierung der Landwirtschaft nach der Mitte der dreißiger Jahre stark gefördert wurde. Ab 1937 war der Ackerschlepper SA 751, in rahmenloser Ausführung und mit einem 30 PS Zweizylinder-Motor eigener Produktion versehen, im Programm. 1940 kam dann noch der SB 751, ausgerüstet mit einem Einzylindermotor mit 15 PS Leistung und gleichem Konstruktionsprinzip, zur Auslieferung. Diese Ausführungen wurden als Ackerschlepper bezeichnet. Aus Prospekten ist zu entnehmen, dass ebenfalls ein Straßenschlepper im Programm gestanden haben muss. Er wurde als 28/30 PS O&K-Diesel vorgestellt. Verschiedentlich ist auch der Schriftzug "Montania" auf der Kühlerfront zu lesen. Ob die Typenbezeichnung SA 752 dafür gebraucht wurde ist nicht eindeutig nachweisbar. Hinweise in Ersatzteillisten lassen diese Bezeichnung erkennen, geben aber keinen Detailaufschluss. Die wenigen technischen Angaben weisen auf den gleichen Motor hin, der im großen Ackerschlepper Verwendung fand. Spekulativ kann man vermuten, dass über den Schleppergrundaufbau eine Karosserie mit autoähnlichem Aussehen "übergestülpt" wurde. Nach der Angabe in einem Verkaufsprospekt "Die Preise verstehen sich waggonfrei ab Nordhausen, ausschließlich Verpackung" ist zu schließen, dass zumindest eine Fertigung in Nordhausen angedacht war. Augenscheinlich kam es aber nicht dazu.

Im Zuge der Umstellung auf alternative Kraftstoffe wurden im Unternehmensverbund (diese Aussage muss so getroffen werden, weil zurzeit keine eindeutige Ortsfestlegung möglich) auch Gasgeneratorschlepper erprobt, beziehungsweise gebaut. Ausschlaggebend dürfte dafür die Verordnung des Bevollmächtigten für die Maschinenproduktion vom 1. Juli 1942 gewesen sein. Darin wurde der Bau von Schleppern untersagt, die durch flüssige Brennstoffe angetrieben wurden und festgelegt, dass für die Landwirtschaft nur noch Schlepper zum Einsatz kommen dürfen, die im Generatorbetrieb, im wesentlichen Holzgas, laufen.

Inwieweit MBA Nordhausen in diesen Prozess eingebunden war kann nicht umfassend dargelegt werden. Fakt ist, dass bereits 1941 in der Literatur von einem Holzgasschlepper mit Ford-BB-Motor als Versuchsausführung der MBA gesprochen wurde.

Nach Horst Kieber, Nordhausen, wurden in Nordhausen zu Beginn des Jahres 1942 fünf Funktionsmuster eines Gasschleppers mit Import-Generator gebaut. Sie wurden nach Drei Linden, Kleinmachnow, für Versuchszwecke geliefert. Er gibt dazu die Bezeichnung SA 752 an. Diese ist nach dem derzeitigen Stand der Dinge anzuzweifeln. SA 754 dürfte die richtige sein. (Als Anmerkung: es konnte bisher nicht ergründet werden, welche Grundsätze bei der Festlegung der Typenbezeichnungen bei O&K/

Der Versuchsgasschlepper mit Ford-BB-Motor

MBA Pate gestanden haben. Ein Druckfehler in einer zeitgenössischen Publikation sorgte in der Folge bei Veröffentlichungen zum Thema MBA dafür, dass auch ein Dreizylinder Gasschlepper mit angeführt wurde.

Wenn zurzeit auch keine ausführlichen technischen Daten zur Verfügung stehen, so ist doch aus den Bildern zu entnehmen, dass ein Zweizylinder-V-Motor mit einem kurz bauenden Getriebe zum Einsatz kam. Zumindest hinsichtlich des Motors dürfte hier die Berliner Filiale (Babelsberg?) mit ins Spiel kommen. In der Verfolgung des Traktorenbaus in der DDR liegt der Schluss nahe, dass der SA 754 die Grundlage für den ab Beginn des Jahres 1949 im Traktorenwerk Brandenburg gebauten Schlepper RS 03/30 "Aktivist" war. Zumindest kam die Variante des V-Motors zum Einsatz.

Zur Erhärtung dieser Aussage bedarf es noch weiterer Nachforschungen. Den Ausführungen eines Autors, dass nach 1945 Maschinenausrüstungen für den Bau des "Aktivist" von Nordhausen nach Brandenburg transferiert wurden, kann nicht gefolgt werden. Nach Einstellung der Traktorenproduktion in Brandenburg lief die Fertigung des V-Motors im Motorenwerk Berlin-Johannisthal weiter, insbesondere auch deswegen, weil der Motor mit in den Lowa-Kleinlokomotiven zum Einsatz kam.

Die Nordhäuser Schlepper SA 751 und SB 751 fanden auch im Schell-Programm Berücksichtigung. Nach einer Produktion von 1401 Stück SA 751 und von 405 Stück SB 751 endete Anfang 1942 (es gibt auch eine Angabe 1943) die Schlepperherstellung dieses Nordhäuser Betriebes. Nach neuesten Informationen hat die Angabe 1943 ihre Berechtigung dadurch, dass in diesem Jahr noch einmal eine Stückzahl von 50 SA 751 (nach einer Statistik von H. K.) für die Wehrmacht, die außerhalb der vorstehend angeführten Verordnung lag, gebaut wurden. Wie schon angeführt, dürfte die Straßenschlepperproduktion, wie auch die spätere Gasschlepperproduktion keine wesentliche Rolle bei O&K/MBA gespielt haben.

Zum wiederholten Mal wurde eine Kriegsproduktion aufgenommen. Schon 1940 hatte man begonnen, Bauteile für Nebelwerfer und Panzerabwehrkanonen zu fertigen. Die 1942 aufgenommene Produktion von 12-Zylinder Maybachmotoren für Panzer und schwere Zugmaschinen beanspruchte

Der SA 754. Einige Baugruppen dürften beim DDR-Schlepper RS 03/30 "Aktivist" weiter verwendet worden sein

die gesamte Produktionskapazität. Bis zur Besetzung Nordhausens durch amerikanische Truppen wurden 1935 Stück Motoren des Typs HL 108 für die 18t Zugmaschine und 955 Stück Panzermotoren des Typs HL 120 montiert. In einer anderen Quelle heißt es, dass bis zum 31. März 1945 etwa 3600 derartiger Motoren gefertigt worden seien.

Die angloamerikanischen Bombenangriffe auf Nordhausen am 3. und 4. April 1945 brachten keine wesentlich Zerstörung der Anlagen von MBA, zerstörten aber die Stadt Nordhausen umso mehr. Nach Abzug der Amerikaner wurde Nordhausen der Sowjetarmee unterstellt. Nach anfänglicher Nutzung eines Teils des Geländes der MBA durch Spezialisten der Roten Armee und anderer an der Untersuchung der Raketenproduktion im nahe gelegenen Kohnstein (Lager Dora, Mittelbau, zeitweilige Fertigung von Raketen V1 und V2) interssierter Stellen wurde in Verwirklichung des Befehls Nr. 006 des Obersten Chefs der sowjetischen Militäradministration die Liquidierung des Betriebes durchgeführt. Das heißt: Demontage sämtlicher Anlagen und Abtransport in die Sowjetunion und nachfolgende Zerstörung der Gebäude. Ein Prozess, der im August 1947 endete. Damit endete auch die Geschichte des seit 1905 bestehenden Betriebes.

Das Unternehmen Orenstein & Koppel fand in der Bundesrepublik Deutschland (Lübeck und Dortmund) eine Fortsetzung.

Eine noch längere Firmengeschichte hatte ein weiteres Unternehmen in Nordhausen, das einst Traktoren herstellte. Das sind die Vorläufer der Firma Normag. Sie beginnt schon 1841 mit dem Kupfer- und Messingschmied Oscar Kropff. Zum Produktionsprogramm gehörten Mineralwasserapparate mit Selbsterzeugung der Kohlensäure, Filtereinrichtungen, Feuerspritzen und Spezialbehälter. Zur Hauptproduktion wurden dann später Eismaschinen. Ein Konkurs führte zur Übernahme durch den Geschäftsmann Friedrich Kaufmann sen. und einer Neufirmengründung als Schmidt, Kranz und & Co., Kommanditgesellschaft. Das unter Druck geratene

Eismaschinengeschäft wurde durch den Bau von Hebezügen (Aufzüge und Fahrstühle) abgelöst. Mit der Übernahme der Firma L. Graßmann kam eine Eisengießerei zum Unternehmen. Zum prosperierenden Geschäft des Aufzugsbaus entwickelte sich der Bau von Dampf- und Bergwerksmaschinen. Ein Engagement im Wasserbau kam hinzu.

1931 begann man bei Schmidt, Kranz und & Co. mit dem Schlepperbau nach einer Lizenz. Vertrieben wurden die Schlepper von der Firma Franz Otto, Germershausen-Duderstadt/Land. Beschrieben wird die Maschine als einachsige Zugmaschine mit angehängtem Pflugrahmen, angetrieben von einem Rohölmotor (Glühkopfmotor ?), der bei einer Bohrung von 200 mm und einem Hub von ebenfalls 200 mm und einer Drehzahl von 500 U/min 20 PS abgab. Es soll auch ein kleinerer Motor zum Einsatz gekommen sein, der bei gleicher Drehzahl 16 PS leistete. Neben der Verbindung des Pfluges mit dem Vorderteil, wobei die Räder des Pfluges praktisch zur Hinterachse des Fahrzeuges wurden, gab es auch ein gesondertes zweirädriges ansteckbares Hinterteil mit Sitz, so dass daraus ein vorderachsgetriebener

Schriftzug am Normag NG 22-Kühler

Schmidt, Kranz & Co.-Schlepper mit gekoppeltem Pflug

Der Schmidt, Kranz & Co. Schlepper mit angesetzter Hinterachse

Der Konstrukteur der Normag-Schleppert, Erwin Peuker, bei einer Stadtrundfahrt zum Rolandsfest 1999 in Nordhausen. Er spielt dabei auf einer Flöte. Unten ein NG 22

Ein gut restaurierter NG 25

Schlepper für Zugarbeiten entstand. Die Steuerung erfolgte durch Abwälzen eines Kegelrades auf einem Zahnsegment, es war also eine Art Knicklenkung. Das Einrücken und Ausheben des Pfluges geschah durch Fußhebel vom Fahrersitz aus. Bei Straßenfahrten konnten die mit Greifer bestückten Antriebsräder mit einem darüber gelegten Eisenreifen versehen werden. Ein Zapfwellenanschluss war auch vorhanden. Dieser Schlepperbau brachte der Firma keinen Erfolg. Nach etwa 10 bis 20 Stück wurde die Fertigung eingestellt.

Ein erneuter Einstieg in den Schlepperbau 1935 brachte einen Durchbruch. Motiv für die Aufnahme einer Schlepperfertigung war die Forderung der Landwirtschaft nach einer erhöhten Motorisierung. Die Übernahme in das Schellprogramm (1939) bestätigte die Richtigkeit dieser Entscheidung. Ausgeliefert wurden die Typen NG 22 (4572 Stück), NG 10 (412 Stück), NG 25 (2449 Stück), NG 23 (19 Stück) und NG 25 D (22 Stück). Diese Angaben nach H. Kieber gelten für die Zeit bis 10. Juli 1948). Der NG 22 hatte einen MWM-Motor mit 20/22 PS, der NG 10 einen Deutz-Motor mit 20 PS, der NG 25 war ein Gasgeneratorschlepper für den die Aussagen existieren, wonach ein Deutz-Gasmotor beziehungsweise ein MWM-Gasmotor eingebaut waren. Die Leistungen lagen bei etwa 25 PS. Im NG 23 war wie-

Ein früher NG 23

der ein MWM-Motor mit 22 PS. Zum NG 25 D erfolgt später noch einmal eine spezifizierte Aussage.

Den Luftangriff vom April 1945 überstand das Werk relativ unbeschadet. Mit der Übernahme Nordhausens durch die Rote Armee zog sich das Unternehmen Normag in das Zweigwerk nach Zorge/Harz zurück, dem sich eine weitere Umsiedlung nach Hattingen/Ruhr anschloss. Nach einigem Hin und Her mit diversen Bezeichnungen kamen die Nordhäuser Anlagen der Normag ab 1. Juli 1948 zur VVB (Vereinigung volkseigener Betriebe) ABUS Halle.

Die Zeit nach Beendigung des Zweiten Weltkriegs bis zur Einstellung der Traktorenproduktion

Die ersten Jahre der Nachkriegsgeschichte für den Traktorenbau in Nordhausen sind etwas unklar, besonders was die Normag betrifft.

Der Aufbauwille war vorhanden, trotz der fast 80-prozentigen Zerstörung der Innenstadt und der rund 8800 Toten, die zu beklagen waren. Schon Ende Mai/Anfang Juni 1945 wurde die Montania GmbH wieder gegründet. Von den amerikanischen Besatzungsoffizieren wurde die kurzfristige Produktion von Ackerschleppern gefordert. Bis Jahresende 1945 sollten noch 2375 Traktoren gebaut werden. Eine utopische Forderung, die dann auch durch den Abzug der Amerikaner hinfällig wurde. Auch die nachfolgende sowjetische Besatzungsmacht forderte eine Wiederaufnahme der Produktion in den Nordhäuser Betrieben. Die Montania konnte vom Zwischenstandort Altentor wieder in die Kasseler-Straße, dem ehemaligen Betriebsgelände, umziehen. Reparatur von Eisenbahnwaggons, Fertigung von Schlepperersatzteilen und Herstellung von Gegenständen des täglichen Bedarfs standen auf dem Programm. Auch erste Entwürfe für einen Schleppermotor gab es. Die Demontagemaßnahmen stoppten aber diese Ansätze rigoros.

Nach Beendigung dieses Prozesses Mitte des Jahres 1947 fanden wieder Beratungen zur Aufnahme einer Schlepperfertigung statt. In die Überlegungen wurde auch die Normag mit einbezogen, sie sollte an der Herstellung eines 22-PS-Schleppers mitwirken. Das kam allerdings so nicht zustande. Die Montania wollte mit der Stadt Nordhausen einen Gesellschaftsvertrag eingehen, der aber nicht realisiert wurde. Statt dessen wurde mit Datum vom 1. Mai 1948 der Landeseigene Betrieb (LEB) Motoren- und Fahrzeugbau Nordhausen gegründet. Verhandlungen zur Übernahme von Ersatzteilen von der Normag blieben erfolglos. Der LEB bestand nur kurze Zeit. Mit Wirkung vom 1. Juli 1948 wurde das Unternehmen der Industrievereinigung Fahrzeugbau (IFA) angegliedert und erhielt die Bezeichnung "VEB IFA Schlepperwerk Nordhausen". Das Vermögen der zu diesem Zeitpunkt noch bestehenden Montania AG wurde durch einen Verwaltungsakt in das Schlepperwerk eingegliedert.

Nicht so gut nachzuvollziehen ist das Geschehen bei der Normag. Der Besitzer hatte bekanntlich mit dem Abzug der Amerikaner Nordhausen in Richtung Zorge verlassen. Inwieweit Betriebsinventar und Dokumentationen mit in den Umzug involviert waren, ist nicht sicher überliefert. Das Werk stand zeitweilig unter Sequestration, die dann widerrufen wurde, der Betrieb wurde in den Verband der Sowjetischen Aktiengesellschaften übernommen, schied dort wieder aus, wurde unter Treuhandverwaltung gestellt, um dann über die Zwischenstation Maschinenbau Nordhausen, vormals Schmidt, Kranz und & Co., landeseigener Betrieb, in den Verband der VVB ABUS Halle eingegliedert zu werden.

Bis zu diesem Zeitpunkt muss aber bei Normag eine Traktorenproduktion bestanden haben, wenn auch auf kleiner Flamme und unter Nutzung von Restbeständen der ehemaligen Traktorenproduktion. Es entstand der NG 25 D, als eine Art Rückbau des Gasschleppers, und auf der Basis von technischen Unterlagen, die schon in den Jahren 1943/44 für einen NG 23 erarbeitet wurden. Die Besonderheit dieses Schleppers war ein rohrförmiges Zwischenstück als Verbindung von Motor und dem vom Gasschlepperbau her bekannten kurz bauenden Getriebe, wobei das Rohr gleichzeitig als Kraftstofftank genutzt wurde. Damit sollte ein normaler Achsstand erreicht werden. (Beim Aktivist von Brandenburg mit ähnlicher Vorgeschichte führte der kurze Radstand zum unbeliebten Aufbäumen). Die Maschine unterschied sich von dem in der Bundesrepublik Deutschland von Normag gebauten Schlepper NG 23 durch die Frontgestaltung und eine das Rohrstück abdeckende Verkleidung, die im Gegensatz zum NG 23 keinen Zwischenachsanbau zuließ.

Zeichnerische Darstellung eines NG 25 D mit Normag-Schriftzug unbekannten Datums

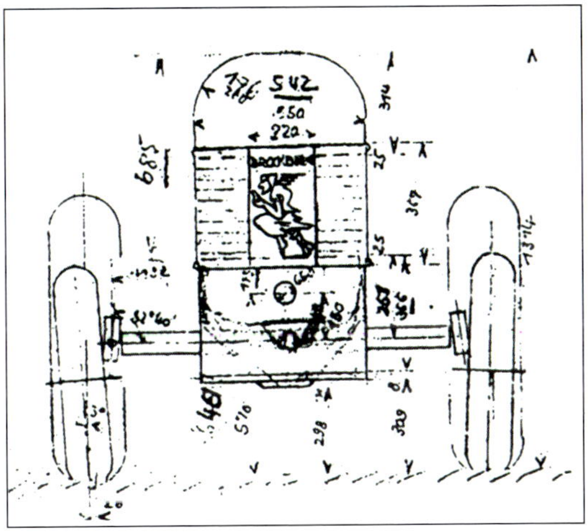

Ausschnitt aus einer Handentwurfsskizze für den späteren DDR-Schlepper RS 02/22 Brockenhexe. Die in der Zeichnung dargestellte Hexe auf dem Besen wurde bei der späteren Fertigung leider nicht übernommen

Die Brockenhexe als Prototyp

Die "Wespentaille" des NG 23 war dazu gut geeignet. Charakteristisch für das Gefährt (auch beim NG 23) ist die Anordnung des Schalthebels hinter dem Fahrersitz.

Zur Unsicherheit in den Aussagen zum NG 25 D führen weiterhin die Tatsachen, dass noch existierende Maschinen (etwa sechs Stück) mit einem MWM-Motor, aber auch mit einem Deutz-Motor F2M 414 ausgerüstet sind, wobei die Maschinen mit dem MWM-Motor eine Kraftstoffförderpumpe haben und die mit Deutz-Motor mit Fallkraftstoff arbeiten. Das Auftauchen eines Deutz-Motors mit einer vorn im Bereich Nockenwelle angeflanschten Kraftstoffförderpumpe bringt neue Rätsel zum NG 25 D. Eine Anfrage beim Deutz-Archiv wurde abschlägig beschieden. Die Motoren F2M 414 wurden regulär werksseitig nicht mit Kraftstoffförderpumpe ausgerüstet. Dass die Schlepper mit dem IFA-Zeichen auf der Frontverkleidung ausgeliefert wurden, hängt wahrscheinlich mit der bereits angedeuteten Übernahme von Ersatzteilen von Normag zum Schlepperwerk (und hier eventuell auch kompletter Schlepper) zusammen. Ein in seiner Herkunft nicht eindeutig einzuordnendes kleines Papierbild zeigt die typische NG 25 D Front mit dem Normag-Schriftzug. Damit ergibt sich ein neues Fragezeichen.

Nach dieser notwendigerweise umfangreicheren Betrachtung des NG 25 D nun zum Traktorenbau im VEB IFA Schlepperwerk Nordhausen.

Startsignal für den Traktorenbau in der damaligen Sowjetischen Besatzungszone (SBZ) soll der Befehl 133 der Sowjetischen Militäradministration Deutschlands (SMAD) gewesen sein. Das Bestehen eines Befehls mit einer derartigen Nummer ist nachgewiesen. Trotz Bemühungen konnte aber der Text dazu nicht beschafft werden. Für den Befehl 133 wird der Titel "Plan der Aussaat der landwirtschaftlichen Kulturen für die Ernte 1949", Ausgabedatum 3. August 1948, angeführt. Es kann sein, dass zur Vorbereitung dieser Aussaat auch die Auflage erfolgte, geeignete Maßnahmen zu ergreifen, Produktionskapazitäten für die Herstellung von Traktoren zu schaffen. Bekanntlich erfolgte im Frühjahr 1949 die Lieferung von 1000 Traktoren aus der Sowjetunion.

Das Schlepperwerk Nordhausen eröffnete sein Produktionsprogramm mit der Brockenhexe, Typenbezeichnung RS 02/22. Die runde Motorhaube lässt eine Verwandtschaft zum MBA SB 751 erahnen. Sie

NG 25 D in der IFA-Ausführung

Brockenhexe in Serienausführung

Pionier mit E-Starteinrichtung

stand bei der Vorstellung der Brockenhexe auf der Leipziger Messe 1949 in der Kritik, dass man mit viel Materialaufwand Luft verhülle. Verwendet wurde weiter der Deutz-Motor F2M 414 (in Lizenz) und das ZF-Triebwerk A 12 mit Getriebe K 30 D. Zapfwelle und Riemenscheibe waren vorhanden. Anfänglich ohne Fahrerhaus, später mit einem sehr eckig wirkenden Gehäuse. In der Zeit der Fertigung kamen drei verschiedene Einspritzpumpenausstattungen zum Einsatz: die ursprüngliche Deutz-Pumpe, eine L`Orange-Pumpe und eine IFA-Pumpe der Baureihe 454. Für die beiden letzteren Pumpen musste der Original Deutz-Pumpendeckel durch eine veränderte Abdeckplatte ersetzt und ein zusätzliches Steuerrad eingefügt werden. Einige Maschinen wurden auch mit einer Spillwinde ausgerüstet.

Das Muster wurde schon auf der Frühjahrsmesse 1949 in Leipzig vorgestellt. Der Serienbeginn lag im Herbst 1949. In der Bauzeit bis 1952 wurden 1935 Brockenhexen hergestellt. Spätere Aussagen, sie sei zu "leicht" gewesen, haben schon einen bestimmten Gehalt, wenn man die Anforderungen der inzwischen entstandenen staatlichen Maschinenausleihstationen (MAS) zugrunde legt. Es war aber der Anfang für eine Ziel gerichtete Traktorenproduktion. Es muss aber mit angeführt werden, dass es zu diesem Zeitpunkt schon eine Reihe von Privataktivitäten gab, einen Schlepperbau durchzuführen, wie zum Beispiel Scheuch/Müller, Wagner, einer Firma in Deesbach, einer Firma in Dessau – wahrscheinlich auf der Basis von Junkersmotoren –, einer Firma in Rostock, um nur einige der bekannt gewordenen Initiativen zu nennen.

Im Fahrzeugbau Schönebeck, dem späteren Traktorenwerk Schönebeck, waren die Zeichnungsunterlagen der Radschlepperbaureihe der Firma Famo überarbeitet worden. Die neue Maschine erhielt die Typenbezeichnung RS 01/40 und den Beinamen Pionier. Da dort keine Fertigungsmöglichkeiten bestanden, wurde eine Produktionsaufnahme bei

Ein gut restaurierter Pionier mit Benzinstarteinrichtung

Detail vom Pionier

Horch/Zwickau verfügt. Sie erfolgte im Herbst 1949. Da in Zwickau wieder der LKW-Bau forciert werden sollte, wurde schon 1950 die Produktion nach Nordhausen umgelagert. Im gleichen Jahr wurden dort noch 100 Schlepper gefertigt (Horch stellte 2605 Pionier her).

Während der Fertigungszeit erfolgten am Schlepper nur geringe Teilverbesserungen. Ohne eine wesentliche Veränderung der Grundkonstruktion des Famo-Motors 4F 145 BE erfolgte 1952 eine Umstellung der Brennraumgestaltung mit Anlehnung an das schon bei den MBA-Motoren angewandte Colo-Verfahren. In Anerkennung des "Wiederentdeckers" (Ing. Hans Rogge) bürgerte sich für den überarbeiteten Motor die Bezeichnung Rogge-Motor ein. Der wesentlichste Grundgedanke der Neuerung war, das kraftaufwendige Benzinstartverfahren der alten Famo-Motoren benutzerfreundlicher zu gestalten. Die MBA-Motoren waren wegen ihrer Startfreudigkeit bekannt. Da in der DDR immer noch große Schwierigkeiten in der Bereitstellung von Akkumulatoren und Elektrostartern bestand, wurde als Ausweg ein Druckluftanlassverfahren konzipiert, das sich aber wegen seines Wartungsaufwandes nicht bewährte. Eine Verbesserung in der Bereitstellung von elektrischer Kraftfahrzeugausrüstung führte dann endgültig zum Einbau von Elektrostartern.

Die Motorbezeichnungen änderten sich von 4F 145 BE in 4F 145 DL und 4F 145 DE. In diese Zeit (ab 1956) fällt dann auch die Ablösung der bisherigen eckigen Schlepperfront durch eine abgerundete Motorhaube, die bis zum Auslaufen der Schlepperproduktion in Nordhausen das "Gesicht" der Nordhäuser Schlepper bestimmen sollte, sowie eine konstruktive Überarbeitung der Vorderachse. Damit entstand der "Harz" mit der Typenbezeichnung RS 01/40-II. Die Bezeichnung RS 01/40-1 für den Schlepper mit Druckluftanlassung ist weniger publik geworden. Der Motor erhielt noch eine Verbesserung zur Reparaturfreundlichkeit dadurch, dass in die Ölwanne zwei Montageöffnungen eingearbeitet worden, die es nunmehr gestatteten, einen Laufbuchsenwechsel ohne des bisher notwendigen Motorausbaus durchzuführen, was durch die Umgestaltung des Pleuelfußes von Querteilung in Schrägteilung hauptsächlich unterstützt wurde. Anzumerken ist noch, dass mit Einführung des neuen Brennverfahrens der Kompaktzylinderkopf über vier Zylinder durch zwei Einzelzylinderköpfe über zwei Zylinder abgelöst wurde.

Detail eines "Pionier" mit Druckluftanlassung. Darstellung des Druckluftbehälters

Mit diesem Warenzeichen begann die neue Schlepperbauära ab "Harz" in Nordhausen

Pionier und Harz waren das Rückgrat der seinerzeitigen DDR-Landwirtschaft. Mit den durchgeführten Detailverbesserungen wurde aber nicht die Veralterung der Grundkonstruktion beseitigt. Die für den Harz entwickelte nachrüstbare Dreipunkthydraulik (sie konnte entsprechend auch beim Pionier angewandt werden) war ein kleiner Modernisierungserfolg, obwohl die DDR-Hydrauliktechnik noch ziemlich in den Kinderschuhen steckte. Dass die Zapfwelle nur über die Betätigung der Fahrkupplung geschaltet werden konnte, war ein schwerwiegendes Hindernis für die immer mehr zur Anwendung kommenden zapfwellengetriebenen Arbeitsmaschinen. Die Produktion des Pionier endete 1955 nach 19113 Stück und die des Harz 1958 nach 3185 Stück.

RS 04/30 aus der Serie 1953 mit Speichenhinterrädern

Nach statistischen Angaben von Horst Kieber gingen auch Schlepper der RS 01/40-Serie in den Export. Beim Pionier waren es 2353 Stück (davon allein 1954 2106 Stück!) und beim Harz 295 Stück. Wahrscheinlich erfolgte dieser Export zu einem hohen Anteil in die Sowjetunion, da in den Ersatzteillisten Hinweise auf Typenschilder (leider ohne Abbildung) mit russischer Aufschrift zu finden sind. Für deren Anbringung waren jeweils für eine bestimmte Serie das Fahrerhaus und das Getriebegehäuse angegeben.

Eine Wiederauferstehung erfuhr der Pionier Anfang der achtziger Jahre, als die Firma Münch (bekannt durch ihre Restaurationsarbeiten an Oldtimern des DDR-Traktorenbaus) aus Restbeständen vorhandener Komplettbaugruppen der RS 01/40-Serie noch einmal einige Maschinen eigener Prägung fertigte.

Anfang der neunziger Jahre tauchten Hinweise zu existierenden schnelllaufenden Schleppern Pionier beziehungsweise Harz auf. Rückfragen dazu wurden entweder gar nicht beantwortet oder ergaben Aussagen, die berechtigte Zweifel an der höheren Geschwindigkeit (konstruktionsmäßig 17,5 km/h bei beiden Typen) aufkommen ließen. Fakt ist, dass in Nordhausen wahrscheinlich zwei Schlepper mit einer Geschwindigkeit bis zu 27 km/h gebaut wurden. Dieser Sachverhalt wurde durch einen Bericht über die Erprobung von Pressstofflageringen in der Vorderradlagerung (ein interessantes Kapitel DDR-

Gut restaurierter RS 04/30

Wirtschaftsgeschichte in den fünfziger Jahren) bei Pionier-Schleppern offenkundig.

Ein Schlepperfreund im Bereich Bodensee hat allerdings einen Pionier, der eine Geschwindigkeit von 40 km/h erreicht. Es ist eine eigenständige Bastelarbeit. Die Übersetzung Vorgelegewelle/Differentialstirnrad wurde durch Anfertigung von Neuteilen so verändert, dass diese Geschwindigkeit erreicht werden kann. Die Maschine ist sogar so zugelassen, jedoch mit einer Beschränkung der zulässigen Anhängelast auf 600 kg. Man soll also nicht sagen, dass gibt es nicht, man muss nur die Umstände dazu kennen!

Ein Leckerbissen für Sammler echter DDR-Traktoren dürfte ein Pionier mit 160 Liter fassenden Großtank sein, der als Nachrüstung statt des Originaltanks eingebaut wurde, um einen tankstoppfreien Zweischichtbetrieb zu ermöglichen. Er wurde allerdings nicht serienmäßig so ausgeliefert, sonder war ein Ergebnis der Tüftelarbeit von Praktikern. Leider sind hier Rückbauten erfolgt. Zurzeit sind noch zwei solcher Maschinen bekannt.

Parallel zur Fertigung des RS 01/40 lief der RS 04/30 an, ein Schlepper, der keinen Beinamen hatte und als Vielzweckschlepper vorgestellt wurde. Die Konstruktionsunterlagen dazu wurden im Schlepperwerk Schönbeck, das zur damaligen Zeit eine Art Status als Entwicklungsbetrieb hatte, erarbeitet. Nach einem kurzem Intermezzo im Brandenburger Traktorenwerk lief die Fertigung 1953 an, um dann 1956 wieder nach einer produzierten Stückzahl von 7554 zu enden. 155 gingen in den Export. Mit den Hinterreifen 9.00-40 AS wirkte der Schlepper etwas hochbeinig, aber er sollte ja auch als Pflegeschlepper eingesetzt werden können. Dem kam die erstmals serienmäßig vorhandene Hydraulikanlage entgegen, die noch keine Dreipunktanlage, sondern nur eine so genannte hydraulisch betätigte Arbeitsschwinge war, die die Verwendung von Aufsattelgeräten gestattete. Außerdem bestand die Anschlussmöglichkeit für einen freien Arbeitszylinder. Ein Zweizylindermotor mit Wasserkühlung aus der Einheitsmotorenbaureihe (EM 2-15) mit einer Leistung von 30 PS stand als Antriebsquelle zur Verfügung und verlieh dem Schlepper über ein Fünfgangschaltgetriebe eine Endgeschwindigkeit von 19 km/h. Der konstruktiv vorgesehene Einbau eines Zusatzgetriebes, der nicht generell erfolgte,

Pionier mit Anbauhalbraupe

Pionier mit Großtank

Kettenanlasser als ständig parates Hilfsmittel für das Anschleppen

Ein gut restaurierter Harz

Der RS 10 wurde nur als Prototyp gebaut. Hier bei einer Einsatzerprobung in Weissensee/Th.

ließ eine Absenkung der Fahrgeschwindigkeit im ersten Gang bei Nenndrehzahl auf 1,07 km/h zu. Diese Untersetzungsmöglichkeit sollte aber nur im ersten Schaltgang (eine problematische Forderung bei vorhandenem Reduktionsgetriebe) bei niedrigen Zugkräften, beispielsweise bei Pflanzmaschinen verwendet werden, um eine Überlastung des Radsatzes des Kriechgangs zu vermeiden.

In den fünfziger Jahren gab es in Nordhausen auch noch einige Aktivitäten, die weniger publik wurden. So beschäftigte man sich mit einem Allradschlepper mit vier gleich großen großvolumigen Reifen, dessen Radpaare jeder Seite durch eine Rollenkette verbunden waren und der mit einem als Schlupflenkung genannten Prinzip gesteuert wurde. Diese Art der Lenkung, die wie die Lenkung eines Kettenschleppers reagierte, war nach eigenen Erfahrungen gewöhnungsbedürftig. Obwohl kurzzeitiger Umgang mit der Maschine bestand, sind Erinnerungen zum Motor und weiteren technischen Daten nicht mehr vorhanden und konnten auch durch Nachforschungen nicht mehr beschafft werden. Die Bezeichnung für den nur in einem Versuchsmuster gebauten Schlepper war RS 10, womit sich eine Überschneidung zu der von Ing. Hendrichs (einem seinerzeit bekannten Schlepperkonstrukteur) konzipierten Baureihe, die nicht zur Serienproduktion kam, ergab.

Kurzzeitig stand auch der Geräteträgerbau in Nordhausen zur Debatte. Die Informationen dazu sind unterschiedlich und schwanken zwischen dem Musterbau von 10 Maschinen bis zur Verneinung eines solchen. Die Angaben sind sehr spärlich und lassen nicht erkennen, ob es sich dabei um eine Zwischenproduktion der ersten Scheuchmaschinen (Ing. E. Scheuch, Vater des Geräteträgerbaus in der DDR) und dem späteren RS 08/15 handelt. Die Unsicherheit der Aussage wird noch verstärkt, dass bei der Darstellung einer im Traktorenwerk Brandenburg angelaufenen Fertigung ein Bild veröffentlicht wird, dass den ursprünglichen Scheuchschlepper zeigt.

Ein RS 14/46 aus der RS-14-Baureihe

Auch Schlepper der RS-14-Reihe konnten mit einer Anbauhalbraupe nachgerüstet werden

Eine weitere "Eintagsfliege" im Nordhäuser Produktionsprogramm war der ebenfalls von Schönebeck konstruierte Einachsschlepper, ein Erzeugnis, das von vielen Bauern mit kleiner Wirtschaft mit Spannung erwartet wurde. Weil er aber in die Zeit Genossenschaftsbildung fiel, war er wohl nicht zeitgemäß und kam nicht zur Serienproduktion. Nordhausen war nur eine Zwischenstation in der Wahl weiterer Produktionsbetriebe. Man hatte sich aber dort schon so weit mit der möglichen Herstellung vertraut gemacht, dass bereits Prospekte in Umlauf gebracht wurden. Es ist nicht der Ort, die Angelegenheit ES 19 weiter zu verfolgen. Dass es ein interessantes Projekt war, zeigt der Sachverhalt, dass auch ein ES 20 schon als Muster vorlag.

Ein Tandemschlepper mit Einheiten aus der RS-14-Reihe

Mitte der fünfziger Jahre begann in Nordhausen die Konstruktion der in der Herstellungsstückzahl und Variantenstückzahl umfangreichsten Traktorenbaureihe dieses Betriebes als Ablösung des RS 04/30. Es war die Baureihe RS 14, die dann im Trend der Bezeichnungsveränderung später als RT-Baureihe lief (RS = Radschlepper, RT = Radtraktor).

Der RS 14/30 ging mit dem Beinamen Favorit ins Rennen. Da es anscheinend noch andere Ansprüche an diesen Namen gab, wurde er später in Famulus, umbenannt. Die schon beim Harz eingeführte gerundete Motorhaube bestimmte die gesamte Bauzeit das Gesicht der Maschinen. Antriebsquelle war der weiterhin aus der Einheitsmotorenbaureihe stammende Zweizylinder-Dieselmotor, anfangs nur in wassergekühlter Ausführung, später auch mit Luftkühlung. Die Motorenbezeichnung wechselte von EM 2-15 beziehungsweise EML 2-15 durch eine Veränderung der Motorentypenbezeichnungen in der DDR im Sinne einer Vereinheitlichung in 2 KVD 14,5 SRW beziehungsweise 2 KVD 14,5 SRL. Die ursprüngliche Leistung des wassergekühlten Motors wurde durch Veränderung des Laufbuchsendurchmessers von 115 mm auf 120 mm, was eine Vergrößerung des Hubraumes auf 3280 ccm ergab. Die Drehzahlerhöhung auf 2000 U/min hatte eine Leistungssteigerung von 30 PS auf 46 PS zur Folge. Mit letzterem Wert war aber der Motor nicht mehr standfest genug und wurde auf 40 PS bei 1800 U/min (RT 325) zurückgenommen. Im praktischen Einsatz bewährte sich aber eine Leistung von 36 PS bei 1650 U/min.

Die ersten Maschinen mit luftgekühltem Motor hatten für kurze Zeit auch noch Laufbuchsen mit einem Durchmesser von 115 mm, der aber sehr bald im Nachzug mit dem wassergekühlten Motor auf 120 mm erhöht wurde. Im Ergebnis der Vergrößerung des Hubvolumens von 3012 ccm auf 3280 ccm und einer Drehzahlsteigerung auf 1650 U/min pendelte sich dann eine Leistung von 36 PS ein. Weil man befürchtete, im Traktorenbetrieb eine Leistungssteigerung thermisch bei der Luftkühlung nicht beherrschen zu können, blieb es auch dabei.

Während der Zeit der ersten Serienproduktion liefen Versuche, einen zusätzlichen Vorderachsantrieb zu installieren. Er wurde aber in diesem Stadium nicht serienreif gemacht.

Hinsichtlich der technischen Ausstattung entsprachen die Traktoren der RS 14-Reihe dem seinerzeitigen internationalen Kriterien, wenn auch das Leistungsgewicht etwas in der Kritik stand. Genormte Dreipunkthydraulik, ein 10-Gang-Getriebe (Fünfgangschaltgetriebe und Gruppenschaltung), Zapfwellen nach vorn und hinten, motor- und getriebegebunden und fahrkupplungsunabhängig schaltbar, waren die wichtigsten Merkmale. Mit Einführung der RT-Bezeichnung kamen noch einige konstruktive Veränderungen, wie Umstellung der Lenkung von einem Kegelritzel mit zwei Kegelrad-Segmenten auf eine Spindellenkung, bei Beibehaltung des Prinzips der Doppelhebellenkung, Überar-

Prototyp des RT 330

Angestrebte Serienausführung des RT 330

beitung der Vorderachse, technische Änderungen an der Hydraulikanlage und einer Druckluftbremsanlage, die allerdings nur auf die Anhänger beziehungsweise mit einer Druckluftbremsanlage ausgerüstete Anhängegeräte wirkte, hinzu. Die Hinterräder wurden statt mit 9.00-40 mit 11-38 versehen.

Abgesehen von den ersten Maschinen, die auch "oben ohne" ausgeliefert wurden, diente ein Wetterdach, wie übrigens schon beim Harz, nur etwas schnittiger, mit abnehmbaren Verkleidungen dem Schutz des Fahrers vor dem Wetter, nicht aber gegen Kälte und Staub. Schlepper der RT-Ausführung konnten dann auch mit einem Einheitsfrontantrieb ausgestattet werden. Die Höchstgeschwindigkeiten lagen, je nach Variante, zwischen 24,0 km/h und 28,5 km/h.

Die Einstellung der Produktion des Pionier und des Harz, unabhängig von ihrer technisch überholten Konzeption, führten zu ernsten Mechanisierungsproblemen in der DDR, da auch der Kettenschleppereinsatz wegen seines hohen, und damit Betriebskosten erhöhenden, Laufwerksverschleißes in der Kritik stand. In Zusammenarbeit des Schlepperwerkes Nordhausen mit dem Institut für Landtechnik Potsdam-Bornim und weiterer dafür prädestinierten Einrichtungen entstanden Überlegungen, bei Beibehaltung der Grundkonstruktion der RS 14-Reihe durch eine Veränderung der Motorisierung leistungsstärkere Schlepper zu schaffen. Unter anderem waren dafür auch luftgekühlte Vierzylinder-Dieselmotoren aus dem Roburwerk Zittau vorgesehen. Diese für den LKW-Bau konzipierten Motoren erforderten einen Halbrahmen. Es wurden jedoch nur zwei Funktionsmuster gebaut. Gleichlaufend liefen die Versuche mit dem 2 KVD 14,5, dessen Drehzahl auf 2000 U/min gesteigert wurde und der damit auf 46 PS kam. Mit den Varianten wurden Versuchseinsätze gefahren, in deren Ergebnis für letzteren entschieden wurde, was sich im späteren Dauereinsatz als nicht die glücklichste Lösung erwies. Warum die andere Variante nicht weiter verfolgt wurde, ist nicht publiziert worden. Der ZT 300 kam dann später bekanntlich als Halbrahmenschlepper heraus.

Dem internationalen Trend folgend wurden im Schlepperwerk Nordhausen auch Tandemschlepper auf der Basis zweier RS 14 entworfen, deren Herstellung aber der RTS (Reparaturtechnische Station, Nachfolgerin der MTS – Maschinen-Traktoren-Station) Sangerhausen übergeben wurde. Nachforschungen in dieser Angelegenheit zu Stückzahlen brachten Ergebnisse zwischen 10 und 20 gebauten Maschinen. Über die Paarung (36-, 40- oder 46-PS-Schlepper) hinsichtlich der Anzahl konnten keine Auskünfte mehr bekommen werden. Der Tandemschlepper hatte nur eine kurze Lebensdauer. Es ist aber anzumerken, dass das Prinzip so interessant war, dass auch andere RTS sich in Eigenregie damit beschäftigten und einige Maschinen bauten.

Der Trend zur Verbesserung der Traktionsmöglichkeiten brachte aber auch Kuriositäten auf den Plan. Im Institut für Landmaschinen- und Traktorenbau wurde unter Nutzung der RS 14-Konstruktion ein Schlepper mit Hinterachstandem – auf jeder Seite zwei unmittelbar aufeinander folgende normale Traktorhinterräder – entwickelt, eine Konstruktion, mit der später ebenfalls auch ein ZT 300 ausgeführt wurde. Übrigens wurde für den ZT 300 auch noch mal der Gedanke geäußert, diesen als Tandemschlepper zu bauen.

1963 hatte das Schlepperwerk Nordhausen aber noch ein Eisen im Feuer und wollte mit einem stärkeren Schlepper auf den Markt kommen. Die Neuentwicklung hieß RT 330. Man hatte sogar den Mut aufgebracht, das Gesicht in einem neuen Design darzustellen, zumindest beim Prototyp. Es ähnelte einem John Deer Schlepper. Die kleine Serie, es wurden nur 20 Stück gebaut, zeigte dann wieder die vertraute runde Haube. Ein Dreizylindermotor, wassergekühlt, aus der EM-Baureihe brachte 60 PS. Das Zehnganggetriebe (zwei Schaltgruppen) ließ eine Geschwindigkeit bis 29,2 km/h zu. Dreipunkthydraulik, wahlweise zuschaltende Zapfwellen, Einheitsfrontantrieb, hydraulische Betriebsbremse und Anhängerdruckluftbremse waren Accessoires, die eigentlich vielversprechend waren, um die Motorisierungslücke zu schließen. Die Einsatzerprobung zeigte aber dann doch erhebliche Mängel. Die konstruktive Überarbeitung wurde abgebrochen. Spekulativ kann man vermuten, dass die anstehende Einstellung der Traktorenproduktion in Nordhausen und die im Hintergrund zu erahnenden Entwicklungsarbeiten für das Schönebecker Zugpferd, den künftigen ZT 300, diesen Vorgang bewirkten.

Die RS 14-Reihe mit ihren Varianten wurde rund 37877 mal gebaut. 3601 Schlepper gingen in den Export, vorrangig mit wassergekühlten Motoren, und dem Prospektangebot zur Folge in Länder des

Der von den Landwirten mit kleiner Wirtschaft sehnlich erwartete Einachsschlepper ES 19

Der GT P 100

romanischen Raums. Mit einem RT 325 endete am 1. November 1965 im Schlepperwerk Nordhausen die Herstellung von Traktoren. Insgesamt wurden 69694 Maschinen serienmäßig hergestellt.

Die Produktionsunterlagen sollen nach Polen verkauft worden sein. Die Umbenennung in "VEB IFA Motorenwerke Nordhausen" erfolgte allerdings schon am 1. Juli 1964.

Dass es in Nordhausen noch ein weiteres Unternehmen gab, das Traktoren herstellte wird vielen unbekannt sein. Schuld daran ist der Name "VEB Zucht- und Versuchsfeldmechanisierung". Wie diese Bezeichnung erkennen lässt, war es ein Spezialbetrieb, der für ein eng begrenztes Einsatzgebiet Maschinen herstellte. Unter anderem war das auch ein Traktor mit der Bezeichnung GTP 100 – Geräteträger für Parzellen. Wer die DDR-Traktoren nicht genau kennt, wird bei seinem Anblick einen RS 09/GT 124 sehen. Der Cunnewalder Motor 2 VD 8/8-2 SVL diente als Antrieb. Dazu gab es eine Reihe von Anbaugeräten. Um die Vielfalt der Produktion dieses Betriebes aufzuzeigen sei ergänzt, dass auch ein Parzellenmähdrescher mit dem bezeichnenden Namen Hamster dort gebaut wurde. Es dürften etwa 80 GTP 100 ausgeliefert worden sein.

Soweit dieser Überblick über die wechselvolle Geschichte des Traktorenbaus in Nordhausen. Nicht jeder hergestellte Typ hat mit wenigstens einem Stück ehrenhalber den Eintritt in die Gilde der Oldtimer erreicht. Eine bildliche Darstellung der Maschinen, wenn auch nicht immer in guter Qualität, lässt aber ein Stück Geschichte wieder erstehen.

Die Wiederauferstehung des RS 01/40: der Münch-Pionier

Die Geschichte der Ritscher-Schlepper

von Klaus Tietgens

Karl Ritscher gehört zu den Pionieren des deutschen Schlepperbaus. Bereits 1920 baute er den ersten Kettenschlepper, und als in der zweiten Hälfte der dreißiger Jahre preiswerte, universell einsetzbare Kleinschlepper gefragt waren, schuf er seine legendären Dreiräder, die in rund 1 500 Exemplaren entstanden. Den Anforderungen der Nachkriegszeit kam er mit einem komplett neu aufgestellten Schlepperprogramm entgegen. Besondere Erwähnung verdient der 1954 präsentierte Geräteträger Multitrak, den bald auch andere Hersteller unter ihrem Markenzeichen vermarkteten. In der zweiten Hälfte der fünfziger Jahre sah sich Karl Ritscher allerdings einem gestiegenen Kostendruck ausgesetzt und verkaufte sein Werk 1961, nachdem rund 7 500 Schlepper seinen Namen in alle Welt hinausgetragen hatten.

Der am 19. Februar 1896 geborene Karl Ritscher hatte in Hamburg und Kiel den Schiffbau erlernt und in Hamburg die "Höheren technischen Lehranstalten" besucht. 1914 war er nach Amerika gereist, um dort an der Universität in Ann-Abor im Staate Michigan den Schiffs- und Maschinenbau zu studieren. Mit dem Eintritt der Vereinigten Staaten in den Ersten Weltkrieg galt Karl Ritscher als Internierter und konnte nicht nach Deutschland zurückkehren. Die Zeit nutzte er sinnvoll, um den Bau landwirtschaftlicher Traktoren zu studieren, die damals in Amerika schon viel weiter verbreitet waren als in Europa. Er arbeitete bei den Ford-Werken in Detroit und bei "The Cleveland Tractor Company" in Cleveland/Ohio, deren Traktoren unter dem Namen Cletrac bekannt geworden sind. Dabei lernte er verschiedene Rad- und Raupenschlepperkonstruktionen kennen und erfuhr auf großen Betrieben über deren vielfältige Anwendungsmöglichkeiten. Mit diesem Wissen und neuen Ideen plante er die Entwicklung landwirtschaftlicher Schlepper. Die Rückkehr nach Deutschland war ihm erst ein Jahr nach dem Tod seines Vaters im November 1919 möglich. Bis dahin führte sein Bruder Walter die Werft des Vaters weiter.

Nach seiner Rückkehr trat Karl Ritscher sofort in das vom Vater ererbte Geschäft ein. Er machte sich

Blick in die Montagehalle der Moorburger Trecker-Werke

Erprobung des ersten Kettenschleppers "Panther"

mit den Verhältnissen der deutschen Landwirtschaft vertraut und stellte im Februar 1920 einen früheren Studienkameraden als Konstrukteur ein. Noch im selben Jahr konnte in der Werftschlosserei der Kettenschlepper "Panther" mit einem 20-PS-Vergasermotor der Gößnitzer Deumo-Werke fertiggestellt werden, der fortan zur Erprobung und zur Sondierung des Marktes eingesetzt wurde. Die gesammelten Erfahrungen verwertete man beim Bau der verbesserten Ausführung "Die graue Laus", in deren Zusammenhang erstmals die Markenbezeichnung MTW als Abkürzung für "Moorburger Trecker-Werke" auftauchte. 1921 wurde das erste Exemplar dieses ebenfalls mit 20-PS-Deumo-Motor ausgerüsteten Kettenschleppers an den Hofbesitzer Heinrich Meyer in Appel, Krs. Harburg ausgeliefert. Dabei handelte es sich mehr oder weniger um eine Versuchsmaschine, doch inzwischen bereitete man im Werk die Serienfertigung vor. Die erste Maschinenhalle wurde 1921 eingeweiht.

In jenem Jahr kam es zu einer vorläufigen Aufteilung der Firma unter den sechs Geschwistern, in deren Zuge Karl Ritscher die Abteilung Moorburger Treckerwerke übernahm. Weitere Verbesserungen der Kettenschlepper-Konstruktion bewirkten die Anmeldung der ersten Erfindungen auf diesem Gebiet zum Patent. Ein solches Merkmal waren die sogenannten Rollenkettenstützlager, bei denen sich der Schlepper nicht über Laufräder auf der Kette abstützte, sondern über eine Reihe von in einem länglichen Gehäuse umlaufenden Rollen. Karl Ritscher verfolgte den Gedanken, neben den Getrieben und den Laufwerken auch die Motoren seiner Schlepper im eigenen Werk herzustellen. Er führte Verhandlungen mit der Klein-Michel-Motor AG, welche am 27. Oktober 1923 ihren Abschluss fanden. Leider wurden die Motoren nicht baureif, so dass eine Fabrikation unterblieb.

Am 18. November 1922 heiratete Karl Ritscher seine Frau Dora Margarethe, geb. Harms. Aus dieser Ehe gingen zwei Kinder hervor, der am 7. Oktober 1923 geborene Rolf Ritscher und die am 24. März 1926 geborene Linda Ritscher.

Die Ende 1923 abgewendete Inflation überstand das Unternehmen der Geschwister Ritscher ohne größeren Schaden. Im August 1924 wurde dann das erste Exemplar eines neuen Kettenschleppers fertiggestellt. Dieser Typ M war mit dem Vergasermotor PM 90/140 der Berliner Firma Kämper ausgerüstet. Der im Verhältnis 5,66:1 verdichtende Vierzylinder mit einem Hubraum von 3 563 cm³ leistete beim Betrieb mit Benzol maximal 24,7 PS bei 950 U/min. Der spezifische Kraftstoffverbrauch lag bei voll belastetem Motor zwischen 290 und 305 g/PSh. Für die Gemischaufbereitung sorgte ein Pallas-Vergaser, die Zündanlage mit Magnetapparat wurde von Bosch beigesteuert. Das Dreiganggetriebe eigener Bauart mit kugelgelagerten Wellen und gefrästen Zahnrädern verlieh dem Schlepper eine Höchstgeschwindigkeit von 6,5 km/h. Die beiden Laufkettenrahmen waren um die angetriebene Hinterachse drehbar mit dem Motor- und Getriebeblock verbunden, während der Motor vorne mit seitlicher Führung und durch Doppelfedern gelagert auf den Laufkettenrahmen ruhte. Zwischen dem hinteren Treibrad und dem ähnlich großen vorderen Führungsrad eines Kettenlaufwerkes war die schon erwähnte Rollenkette angeordnet, auf der das Gewicht des Schleppers lastete. Zur Steuerung wurden über ein Lenkrad zwei Bremstrommeln an den Differentialhalbachsen betätigt, was im Extremfall zum Stillstand des kurveninneren Laufwerkes führte, während das äußere Laufwerk dann mit doppelter Geschwindigkeit lief. Mit einer direkt von der Kurbelwelle angetriebenen Riemenscheibe diente der Schlepper als stationäre Kraftquelle. Für die Straßenfahrt wurden auf die Kettenglieder Gummiklötze aufgeschraubt, die das Betriebsgewicht von 2 193 kg um 140 kg erhöhten. Mit einer Länge von nur 230 cm war der Typ M fast einen Meter kürzer als der etwa gleich starke Hanomag-WD-Kettenschlepper Z 25. Nachdem die ersten Erpro-

Der erste verkaufte Schlepper, die "graue Laus" von 1921

Der 1924 präsentierte MTW-Kettenschlepper des Typs M

Typ M bei der Kultivierung von Heideland

bungen zufriedenstellende Ergebnisse zutage gefördert hatten, wurde der Schlepper auf der 1924 in Hamburg stattfindenden DLG-Ausstellung für 7 900 Reichsmark angeboten. Der Verkauf ließ sich gut an. Daher schickte man den Typ M voller Zuversicht ins Rennen, als auf Veranlassung des Reichsverkehrsministeriums und des Reichsministeriums für Ernährung und Landwirtschaft eine sogenannte "Reichspreisprüfung für Kleinkraftschlepper" veranstaltet wurde. Die Maschine überzeugte durchweg durch gute Leistungen bei niedrigem Brennstoffverbrauch, wurde jedoch aufgrund eines angeblichen Materialfehlers disqualifiziert. Karl Ritscher erfuhr später, dass ähnliche Mängel teilweise auch bei der siegreichen Konkurrenz vorhanden waren und das Ziel der Preisprüfung von vornherein darin bestanden hatte, den leistungsfähigsten Unternehmen die gesamte Produktion zuzuführen, um in Deutschland eine wirksame Konkurrenz gegen die amerikanischen Hersteller zu errichten. Karl Ritschers Idee, die besten Schlepper in den leistungsfähigsten Unternehmen zu bauen, hielt man für nicht durchführbar.

Der Typ D demonstriert seine Beweglichkeit

Fordson-Schlepper mit MTW-Anbauraupen

Dreiradschlepper des Typs N vor dem Pflug

Obwohl anlässlich der Prüfung einige Schlepper verkauft werden konnten, verhinderte das vernichtende Urteil einen nennenswerten Markterfolg. Dafür waren inzwischen hohe Behörden auf die Raupenkonstruktion aufmerksam geworden. Noch 1924 nahmen Beauftragte des Reichswehrministeriums in Berlin Verhandlungen mit Karl Ritscher auf, die im darauffolgenden Jahr zu einem ersten Abschluss kamen und zahlreiche Aufträge zur Konstruktion und Verbesserung von Kettenlaufwerken zur Folge hatten.

1926 präsentierte man den Kettenschlepper E als Weiterentwicklung des M. Der Neigung zum Aufbäumen bei schwerem Zug begegnete man durch eine Verlagerung des Motors nach vorn, wodurch die Gesamtlänge um 30 cm auf immer noch kompakte 260 cm wuchs. Ein weiteres Standbein des Unternehmens wurden die erstmals im Oktober des Jahres fertiggestellten Anbauraupen für Radschlepper, die bis 1942 über 2 000 Käufer fanden.

Am 1. Juli 1928 erfolgte die endgültige Aufteilung des bis dahin von den Geschwistern Ritscher gemeinsam geführten Unternehmens. Karl Ritscher übernahm die Abteilung Moorburger Trecker-Werke mit dem Grundstück Moorburg Nr. 12 und etwa 50 Mitarbeitern aus der bisherigen Firma Heinrich Wilhelm Ritscher. Bald darauf erweiterte er das Herstellungsprogramm um ein weiteres Produkt. Nach der

Typ N 20 mit vornliegenden, abgedunkelten Scheinwerfern

Ritscher N 14 mit seitlich angebautem Mähwerk

Ritscher N 14 von 1940, Getriebe mit sechs Radschrauben

Disqualifikation des MTW-Kettenschleppers bei der Reichspreisprüfung hatte sich Karl Ritscher notgedrungen nach weiteren Betätigungsfeldern umgesehen, um den Fortbestand seines Unternehmens zu sichern. Am 21. März 1928 hatte er mit Emil Heumann und Heinrich Evers einen Lizenzvertrag zum Nachbau der von ihnen konstruierten Grabenreinigungsmaschine geschlossen. Die Moorburger Trekkerwerke entwickelten die Maschine zur Serienreife und konnten bereits am 24. Oktober 1928 das erste Exemplar zur Erprobung an den Landwirt Heinrich Evers abliefern. Das Gerät war zum Anbau an serienmäßige Radschlepper vorgesehen, welche zur Herabsetzung der Fahrgeschwindigkeit und zur Verbesserung der Traktion bei gleichzeitig minimiertem Bodendruck mit Anbauraupen ausgerüstet wurden. Hauptbestandteil war eine zapfwellenbetriebene Förderschnecke, die nach ihrem ursprünglichen Kon-

Der nur in einem Exemplar gebaute R 50 war der letzte Kettenschlepper aus dem Hause Ritscher

strukteur als "Heumannsche Schnecke" bezeichnet wurde. Die Grabenreiniger entwickelten sich in den dreißiger Jahren zu einer soliden Stütze des Ritscher-Geschäfts.

Die Weiterentwicklung des Kettenschleppers führte im Herbst 1930 zum Typ D mit einem 36-PS-Vergasermotor der Firma Kämper und zahlreichen weiteren Neuerungen. Die vorne quer angebrachte Riemenscheibe fehlte und der Vorderwagen stützte sich über ein Blattfederpaket anstelle von Schraubenfedern auf den Laufkettenrahmen ab. Auf den ersten Blick fiel der querliegende zylindrische Kraftstofftank auf, der in ähnlicher Form auf den damaligen Hanomag-Schleppern zu finden war. Beim neuen MTW-Schlepper experimentierte man mit verschiedenen Zwischengetrieben, die zum Typ Dg. führten. Ritscher sah erstmals wahlweise die Verwendung eines Kämper-Dieselmotors mit 36/42 PS vor.

Trotz der erwähnten Verbesserungen hielt sich die Verbreitung der neuen Typen in engen Grenzen. Schuld daran war die Wirtschaftskrise im Deutschen Reich, welche die Schlepperproduktion Anfang der dreißiger Jahre fast völlig zum Erliegen brachte. Der Bedarf der Landwirtschaft ging stetig zurück und erstreckte sich 1932 nur noch auf Ersatzteile. Glücklicherweise sicherten die noch immer steigenden Aufträge aus Berlin den Fortbestand des Unternehmens. Dennoch musste zeitweilig Kurzarbeit eingelegt und zum größten Leidwesen Karl Ritschers zur Entlassung einiger Mitarbeiter geschritten werden. Ganze 39 Beschäftigte zählte der Betrieb am 1. Januar 1933. Immerhin hatte man bei der Konstruktion von Gleisketten im vergangenen Jahr Fortschritte gemacht und konnte als Erfolg die Erteilung einiger neuer Schutzrechte für sich verbuchen. Das Jahr 1933 brachte aufgrund der politischen Umwälzung zunächst einiges an Unruhe, beizeiten aber auch den lang ersehnten wirtschaftlichen Aufschwung. Vorerst blieb die Nachfrage nach Landmaschinen jedoch gering. Dafür lasteten die Aufträge aus Berlin den Betrieb voll aus. Obwohl am 15. Dezember 1933 bereits der 200. Mitarbeiter eingestellt wurde, war an eine erneute Aufnahme der Schlepperproduktion allein schon aus Gründen mangelnder Kapazität nicht zu denken. Daher bezog Karl Ritscher im November 1934 ein neues Wohnhaus, so dass die bisherigen Wohnräume im Haus Moorburg Nr. 12 für eine Betriebserweiterung zur Verfügung standen. Zur gleichen Zeit begann man mit dem Bau einer zweiten Maschinenhalle, die am 1. März 1935 eingeweiht wurde. Auf dem traditionell am 1. Mai, dem "Tag der Arbeit" abgehaltenen Betriebsappell teilte Karl Ritscher seiner Belegschaft schließlich mit, dass er die feste Absicht habe, einen Kleinschlepper zu bauen.

Selbst die relativ kleinen MTW-Raupenschlepper waren für die meisten Landwirte unerschwinglich gewesen. Die Agrarpolitik des Dritten Reiches förderte hingegen die Mechanisierung der kleinbäuerlichen Betriebe, die bis dahin fast ausschließlich mit Zugtieren gearbeitet hatten. Außerdem war ein technisches Hindernis auf dem Weg zur Entwicklung des Kleinschleppers überwunden, denn inzwischen gab es serienmäßig Ackerluftreifen zu kaufen. Diese ließen im Gegensatz zur bis dahin bei Straßenschleppern üblichen Elastikbereifung eine ordentliche Zugkraft auf dem Feld zu, ohne dabei für die Fortbewegung so viel Leistung zu benötigen, wie die bisher dort gebräuchliche Eisenbereifung.

Ritscher 320 mit Deutz-Motor und neuem Vierganggetriebe

Auch der Holzgasschlepper G 25 blieb ein Prototyp

Der ab 1948 gebaute Ritscher 320 mit MWM-Motor

In Amerika genossen dreirädrige Schlepper seit rund einem Jahrzehnt eine zunehmende Verbreitung und diese Bauweise beschloss Karl Ritscher auch bei seinem neuen Kleinschlepper anzuwenden. Der erste Versuchsschlepper hatte jedoch außer der Zahl der Räder nicht viel mit dem endgültigen Fahrzeug gemeinsam. In die darauf folgende Zeit der Entwicklung fiel die Umwandlung des inzwischen mehr als 300 Mitarbeiter zählenden Unternehmens in eine GmbH am 1. Juli 1936. Exakt drei Monate später entstand der erste Dreiradschlepper vom Typ N in der sogenannten Blockbauweise, bei der Motor und Getriebe zu einer tragenden Antriebseinheit verschraubt sind. Als Antrieb kam nur ein Dieselmotor in Frage, der im Auftrag von Ritscher bei der Firma Kämper entwickelt und gefertigt wurde. Der Einzylinder des Typs F10B arbeitete nach dem bei Kämper als Wälzkammerverfahren bezeichneten Wirbelkammerverfahren und holte aus einem Hubraum von 1 115 cm^3 eine Leistung von 12 PS bei 1 500 U/min. Der spezifische Kraftstoffverbrauch betrug bei voll belastetem Motor 220 g/PSh. Das B in der Typenbezeichnung deutet auf die Benzinanlassvorrichtung hin. Für

Der vierrädrige Ritscher 420 ging im Mai 1949 in Serie

Dreiradschlepper des Baujahres 1949 mit MWM-Einzylindermotor und Dreiganggetriebe

die Kraftübertragung sorgte ein von Ritscher selbst konstruiertes und gefertigtes Triebwerk, das Schaltgetriebe, Hinterachse, Riemenscheibenantrieb und die optionale Zapfwelle in einem Block zusammenfasste. Die auf Wunsch lieferbaren Mähwerke für seitlichen oder rückwärtigen Anbau wurden von der Zapfwelle aus angetrieben. In den drei Vorwärtsgängen wurden mit der serienmäßigen Bereifung im Format 8.00-20 Geschwindigkeiten von 4 bis 12 km/h erreicht, im Rückwärtsgang lief der Typ N 3 km/h. Die Hinterachse verfügte bereits über ein sperrbares Differential. Die Handbremse wirkte auf die Hauptwelle des Getriebes, die Fußbremse auf Bremstrommeln in den Hinterrädern. Ähnlich wie bei den amerikanischen Farmall-Dreiradschleppern führte die Lenksäule waagerecht oberhalb der Motorhaube zum hoch über dem Vorderrad liegenden Schneckengetriebe. Die hintere Spurweite war im Bereich von 900 bis 1 600 mm verstellbar, der Radstand betrug 1 765 mm und den Durchmesser des Wendekreises gab Ritscher mit fünf Metern an. Der Schlepper brachte in betriebsbereitem Zustand 1 140 kg auf die Waage. Nach ausgiebiger Erprobung wurden im Mai 1937 die ersten Exemplare verkauft. Bereits 1938 erhielt der Schlepper im Rahmen einer Überarbeitung eine vorn abgerundete Kühlerverkleidung und einen auf 1 230 cm^3 vergrößerten Motor mit nunmehr 14 PS, was ihm die Verkaufsbezeichnung N 14 bescherte. Anfang 1939 konnte bereits der 200. Dreiradschlepper verkauft werden. Im Laufe des Jahres wurde im Werk eine eigene Zahnradfabrikation für die Schleppergetriebe eingerichtet. Zum N 14 gesellte sich ab August 1939 der technisch ähnlich aufgebaute N 20 mit dem Deutz-Motor F2M414. Dieser Zweizylinder arbeitete nach dem Vorkammerverfahren. Er verfügte über einen Hubraum von 2 199 cm^3 und gab bei einer Drehzahl von 1 500 U/min eine Dauerleistung von 20 PS sowie eine Maximalleistung von 22 PS ab.

Der spezifische Kraftstoffverbrauch wurde dabei mit 200 g/PSh angegeben. Der F2M414 war hierzulande seinerzeit der am weitesten verbreitete Einbaumotor für Schlepper und wurde von zahlreichen Herstellern verwendet. Das vom N 14 übernommene Getriebe verfügte über eine verstärkte Hinterachse mit einer im Bereich von 1 200 bis 1 800 mm verstellbaren Spurweite. Mit dem größeren Zweizylindermotor ergaben sich ein Radstand von 1 900 mm, ein Wendekreisdurchmesser von sechs Metern und ein Eigengewicht von 1 250 kg.

Ritscher 525 mit kurzer Verkleidung der ersten Ausführung

Neben der steigenden Nachfrage nach Schleppern erforderte vor allem die Gleiskettenfertigung Ende der dreißiger Jahre erhebliche Betriebserweiterungen, die neben dem Bau einer dritten Maschinenhalle und eines neuen Transformatorenhauses den Erwerb eines weiteren Werksgeländes in Hamburg-Harburg beinhalteten. Dennoch mussten zur Deckung des ständig wachsenden Raumbedarfs provisorische Wellblechschuppen aufgestellt werden. Im August 1939 überstieg die Belegschaft die Zahl von 500 Mitarbeitern. Das von Karl Ritscher anlässlich des Betriebsappells am 1. Mai 1937 verkündete Ziel einer Jahresproduktion von 1 000 Schleppern wurde dennoch klar verfehlt und man musste sich für 1939 mit knapp 300 Exemplaren begnügen. Allerdings waren auch zahlreiche andere Aufträge abzuwickeln. Die im Oktober 1938 vorgestellten Gleitschutzketten für luftbereifte Schlepper hatten sich zu einem wahren Verkaufsschlager entwickelt, von dem bis Ende 1939 über 2 200 Satz ausgeliefert werden konnten. Darüber hinaus stellte der inzwischen ausgebrochene Zweite Weltkrieg höchste Anforderungen an die Kettenproduktion, so dass in den Monaten Oktober und November 1939 in 10-Stunden-Schichten gearbeitet werden musste. Außerdem wurde ein Automat zur Gleiskettenfabrikation in Betrieb genommen. Die Reichsregierung erkannte die Wichtigkeit des Automaten für die Rüstungsproduktion und erteilte den Auftrag, diesen zwecks serienmäßiger Herstellung technisch zu verfeinern. Ebenfalls in Serie hergestellt werden sollte eine Spezialmehrschneidebohrmaschine zur Gleiskettenproduktion. Bevorzugtes Einsatzgebiet der Ritscher-Ketten waren die unter der Bezeichnung "Maultier" bekannten Halbketten-Lkw der Armee. Den Verdiensten des Unternehmens um die Kettentechnologie war bereits 1938 mit der Ernennung Karl Ritschers zum Wehrwirtschaftsführer Rechnung getragen worden. Wenngleich die Kriegsereignisse einer weiteren Steigerung der Schlepperproduktion im Weg standen, konnte man sich doch darüber freuen, dass die Dreiradschlepper im sogenannten Schell-Plan berücksichtigt wurden und daher auch nach dem 1. Juli 1940 gebaut werden durften.

1940 wurde der Ritscher 203 mit neuem Vierganggetriebe und dem vom N 20 bekannten Deutz-Motor präsentiert. Die Bezeichnung wurde später auf 320 geändert. In beiden Fällen standen die 20 für die

Leistung in PS und die 3 für die Zahl der Räder. Auf der Basis dieses Dreiradschleppers entstand im Februar 1941 die vierrädrige Version 204 bzw. 420. Der Fahrer konnte nun vier Vorwärtsgeschwindigkeiten von 3,4 bis 15,8 km/h wählen. Zusätzlich zu der gegenüber den Dreigang-Schleppern umfangreicheren Verkleidung des Fahrerstandes war auf Wunsch sogar ein geschlossenes Fahrerhaus lieferbar. Während der Vierradschlepper vorerst ein Prototyp blieb, war der Erfolg der Dreiräder beachtlich und das beste Produktionsergebnis wurde im Jahr 1940 mit rund 400 Exemplaren erreicht. Am 2. Dezember desselben Jahres konnte der insgesamt 800. Schlepper dieser Bauart fertiggestellt werden. Eine letzte Änderung betraf die Befestigung der Hinterräder an acht anstelle von sechs Schrauben. In der Folgezeit mußte der Schlepperbau zwar immer mehr hinter die Rüstungsaufträge zurücktreten, doch wurden bis zur Produktionseinstellung 1942 insgesamt über 1 200 Maschinen hergestellt und verkauft. Nachdem am 1. Juli 1942 auf eine Anordnung des Reichsministers für Bewaffnung und Munition der Bau von Dieselschleppern zugunsten solcher zum Betrieb mit Generatorgas einzustellen war, stellte man noch im selben

Ritscher 525 mit der längeren Verkleidung

Ritscher 518 mit Bauscher-Motor und ZF-Getriebe

Ritscher 518 mit MWM-Motor und ZF-Getriebe

Ritscher 520 mit einteiliger Motorhaube und Piotrowski-Verdeck

Monat zu Versuchszwecken den vierrädrigen Generatorgas-Schlepper G 25 mit dem Deutz-Einheits-Gasmotor GF2M115 auf die Räder. Der Zweizylinder mit fast vier Litern Hubraum gab 25 PS bei 1 500 U/min ab. Anders als bei den meisten Konkurrenten befand sich der Gasgenerator hinter dem Motor. Aufgrund des hohen Aufbaus kam eine Lenkung nach dem bisherigen Muster nicht in Frage. Stattdessen wurde die schräg stehende Lenksäule rechts am Generator vorbeigeführt. Der Fahrer saß auf der rechten Seite einer gepolsterten Sitzbank. Im Gegensatz zur Hinterachse des Getriebes eigener Konstruktion wies die von der Bergischen Achsenfabrik bezogene Vorderachse keine Möglichkeit zur Spurverstellung auf. Aufgrund der Auslastung durch Rüstungsaufträge kam es nicht zu einer Serienfertigung.

Als weiterer interessanter Prototyp entstand im Oktober 1942 nach über zehnjähriger Pause wieder ein Kettenschlepper, mit dem sich der als Raupen-Fanatiker bekannte Karl Ritscher einen Herzenswunsch erfüllte. Ein markantes Konstruktionsdetail des vor allem für zivile Einsätze vorgesehenen R 50 waren die Kettenlaufwerke mit ineinander verschachtelten Rädern. Diese Entwicklung von Dipl.-Ing. H. E. Kniepkamp fand sich seinerzeit an zahlreichen Fahrzeugen der Truppe wieder. Wie die Gummipolster auf den Laufketten deuten auch die seitlich am Schlepper angebrachten Schilder zur zulässigen Höchstgeschwindigkeit von 16 km/h darauf hin, dass der R 50 für höhere Geschwindigkeiten vorgesehen war als die bekannten Raupenschlepper. Der Fahrer nahm auf einer Sitzbank ähnlich der des G 25 Platz und steuerte das Fahrzeug wie schon die früheren MTW-Raupen über ein Lenkrad. Für den Antrieb des R 50 sorgte der wassergekühlte Deutz-Dieselmotor F3M417. Der Dreizylinder mit 5768 cm^3 Hubraum arbeitete nach dem Vorkammerverfahren und leistete 50 PS bei 1 350 U/min. Gestartet wurde er mit Hilfe von Druckluft. Eine Serienproduktion kam ebensowenig zustande wie im Falle des G 25. Beide Prototypen überlebten die Wirren der Kriegs- und Nachkriegszeit nicht. Der R 50 war der endgültig letzte Kettenschlepper aus dem Hause Ritscher.

Kurz nach der Inbetriebnahme eines zusätzlichen Werks in Lüneburg hatten erste feindliche Fliegerangriffe auf das Hamburger Gebiet im April 1942 kleinere Schäden verursacht. 1943 wurde vor allem das Werk Moorburg deutlich schwerer getroffen und man begann mit der Verlagerung einiger Abteilungen in weniger vom Kriegsgeschehen betroffene Gebiete. In Wulfsen pachtete man Räume einer Gastwirtschaft, während in Sprötze (Kreis Buchholz) auf einem von dem Bauern Wilhelm Kröger gepachteten Waldgrundstück eine Maschinenhalle errichtet wurde. Im Jahre 1944 häuften sich die Fliegerangriffe und zogen die Werke in Moorburg und Hamburg-Harburg erneut stark in Mitleidenschaft. Außerdem mussten viele Facharbeiter an die Wehrmacht abgegeben werden. Als Ersatz wurden Frauen eingestellt, wodurch sich die Zahl der Beschäftigten auf nahezu 700 erhöhte. Es folgten schwere Zeiten, in denen an ein ordnungsgemäßes Arbeiten nicht zu denken war. Nach massiven Fliegerangriffen zu Beginn des Jahres 1945 marschierten am 19. April englische und amerikanische Soldaten in Sprötze ein. Aufgrund seiner versteckten Lage hatte das dortige Werk den Krieg einigermaßen unbeschadet überstanden, doch ab dem 29. April 1945 wurde es für fünf Tage von einer englischen Werkstatt-Kompanie besetzt. Danach fehlte ein Großteil des Werkzeugs sowie der Rechen- und Schreibmaschinen. Weitaus ärgerlicher war jedoch das von den Soldaten angerichtete Maß an Verwüstung und Unordnung. Glücklicherweise erlaubten die Engländer dem Betrieb bereits am 10. Juni 1945, die Arbeit wieder aufzunehmen. Der Großteil der mittlerweile auf 333 Köpfe zusammengeschmolzenen Belegschaft war nun mit der Sicherstellung der in den beschädigten Gebäuden anderer Firmen befindlichen Maschinen beschäftigt. Einige wenige Mitarbeiter befassten sich in Sprötze zunächst mit Aufräumungsarbeiten und später mit Schlepper-Reparaturen. Nachdem die in Harburg arbeitenden Leute an andere Unternehmen abgegeben werden mussten, verblieben in den restlichen

Parade von 525ern mit Piotrowski-Verdeck vor der Auslieferung

Ritscher-Werken nur noch 149 Mitarbeiter. Am 21. Dezember 1945 wurde dem Verkaufsleiter Hans Bredenkamp und dem Einkaufsleiter Paul Hildebrandt Handlungsvollmacht erteilt. Am 21. Februar 1946 erfolgte die Vermögensbeschlagnahmung durch die Militärregierung. Auf die Arbeit im Betrieb hatte dies aber keinerlei Auswirkung, es durften lediglich keine Anlagegeräte wie Werkzeugmaschinen veräußert werden. Ab Juni 1946 konnte sogar wieder der Schlepper des Typs 320 in kleiner Stückzahl hergestellt werden. Das Glück war jedoch von kurzer Dauer, denn Anfang 1947 wurden gemäß einer Verfügung fast sämtliche Werkanlagen der Firma demontiert und nach Rußland transportiert sowie die im Lüneburger Werk stehenden Automaten gesprengt. Trotz aller Bemühungen der zeitweise nur 100 Mitarbeiter war vor der im Juli 1948 durchgeführten Währungsreform nicht mehr an eine nennenswerte Produktion zu denken.

Noch im selben Monat trugen die Aktivitäten zur Beschaffung neuer Werkzeugmaschinen Früchte und bereits am 27. Juli 1948 nahm die erste selbstfahrende Grabenreinigungsmaschine ihre Arbeit auf. Bei diesem Halbkettenfahrzeug handelte es sich um eine komplette Eigenkonstruktion. Da das rechte Kettenlaufwerk während der Arbeit eine deutlich höhere Belastung aufzunehmen hatte, war es entsprechend breiter ausgeführt als das linke. Für eine Mindestgeschwindigkeit von rund 0,3 km/h und eine feine Abstufung unterhalb von 2 km/h erhielt das Getriebe ein dreistufiges Vorgelege. Somit standen insgesamt zwölf Vorwärtsgänge zwischen 0,3 und 6 km/h zur Verfügung. Aufgrund von Lieferschwierigkeiten der Firma Deutz bezog man den Antrieb von den Motorenwerken Mannheim (MWM). Der zum Einsatz gelangte Dreizylinder KD215D arbeitete wie die zuvor verwendeten Deutz-Motoren nach dem Vorkammerverfahren und holte aus 3 534 cm^3 Hubraum eine Dauerleistung von 33 PS bei 1 500 U/min. Der spezifische Kraftstoffverbrauch betrug bei voller Belastung 195 g/PSh. Am Fahrzeugheck war in bewährter Manier die von der Zapfwelle angetriebene Grabenreinigungsschnecke angebracht, welche mit Hilfe einer Spindel in der Neigung verstellt sowie durch eine Seilwinde gehoben und gesenkt werden konnte. Der Fahrerstand war durch eine Blechverkleidung gegen umherfliegenden Erdaushub geschützt. Je nach Beschaffenheit des Bodens fuhr zur Bedienung der Schnecke ein zweiter Mann auf einer Plattform links hinter dem Fahrersitz mit.

Ab Oktober 1948 wurde auch der bewährte Dreiradschlepper 320 wieder hergestellt. Dessen Zweizylindermotor MWM KD215Z entstammte derselben Baureihe wie der im Grabenreiniger eingesetzte Dreizylinder. Gegenüber dem zuvor verwendeten Deutz-Antrieb konnte er mit 2 356 cm^3 ein geringes Plus an Hubraum verbuchen und war mit einer Dauerleistung von 22 PS sowie einer Maximalleistung von 24 PS bei 1 500 U/min etwas stärker. Eine weitere Änderung betraf die kantige Kühlerverkleidung anstelle der gerundeten Ausführung des früheren Ritscher 320. Bis zum Ende des Jahres 1948 konnten 26 Maschinen fertiggestellt werden.

Anfang des Jahres 1949 wurden die ersten Schlepper nach Südafrika exportiert. Als Hack- und Pflegeschlepper waren die Dreiräder zweifellos ideal, beim Pflügen erwiesen sie sich hingegen bisweilen als problematisch, da man nicht mit einem Vorderrad in der Furche fahren konnte. Daher entwickelte Ritscher den vierrädrigen Typ 420 zur Serienreife, welcher erstmals im Mai 1949 zur Auslieferung gelangte. Abgesehen von der verstellbaren Vorderachse mit 480 mm Bodenfreiheit anstelle des einzelnen Rades entsprach der Neuling komplett dem weiterhin angebotenen Typ 320. Sogar die waagerechte Lenksäule hatte man beibehalten. Der Radstand des 420 war mit 1 735 mm um 220 mm kürzer und nach Werksangaben erzielte er den gleichen Wendekreis von 5,7 Metern wie der Dreiradschlepper. Das Eigengewicht war hingegen um 110 kg auf 1 550 kg gestiegen. Ende des Jahres gesellte sich der 15-PS-Vierradschlepper 415 dazu, welcher konstruktiv von den anderen beiden Typen abwich und beispielsweise eine konventionelle ZF-Ross-Lenkung mit schrägstehender Lenksäule besaß. Der Motor des 415 war die Einzylinder-Version des bei den stärkeren Typen verwendeten Aggregats. Dieser KD215E mit einem Hubraum von 1 178 cm^3 leistete 15 PS bei 1 500 U/min. Das Getriebe wurde unverändert aus den größeren Typen übernommen. Zur Eignung als Hackfruchtschlepper war der 415 mit hoher, schmaler Hinterradbereifung im Format 6.50-32 lieferbar. Sein Eigengewicht betrug 1 350 kg. Als Übergangstyp wurde er lediglich bis Ende 1949 in 16 Exemplaren gefertigt. Zu jenem Zeitpunkt hatten 237 Dreiradschlepper des Typs 320 und 140 Ritscher 420 das Werk verlassen. Außerdem entstanden vermutlich aus vorrätigen Teilen einige wenige Dreiradschlepper mit Dreiganggetriebe, die sich von den alten Typen N, N 14 und N 20 durch die kantige Kühlerverkleidung

Schmalspuriger Prototyp des 525

Weinbergraupe 525 WR auf einer Ausstellung in Paris

40 PS Prototyp von 1951

und den einzylindrigen MWM-Motor mit 15 PS unterschieden. In den Unterlagen der frühen Nachkriegsjahre findet sich zwar kein derartiger Schlepper, allerdings pries man ein sogenanntes Transport- und Hebegerät an. Dabei handelte es sich um einen Dreiradschlepper mit einem hohen, weit über das Heck hinausreichenden Ausleger, mit dem man den zu transportierenden Gegenstand rückwärts anfahren und ihn dann mit Hilfe einer Seilwinde anheben konnte. Die maximale Hublast wurde mit 600 kg angegeben. Ein solches Gerät lief im Werkverkehr der Firma Ritscher. Der zugehörige Prospekt erwähnt einen 15 PS starken MWM-Motor sowie Drei- und Vierganggetriebe eigener Konstruktion. Auch durch im Werk durchgeführte Umbauten entstanden Exemplare, die sich in keinem Prospekt wiederfanden.

Nachdem seit Kriegsende rund 400 Schlepper hergestellt worden waren, stellte man die Produktion der bisherigen Modellpalette zum Ende des Jahres 1949 ein, um im folgenden Jahr eine Reihe völlig neuer Schlepper zu präsentieren. Außerdem verließ Oberingenieur Hans Urlinger den Betrieb, an dessen Stelle der bereits Mitte der dreißiger Jahre in die Firma eingetretene Ingenieur Eduard Todt die Leitung des technischen Büros übernahm.

Als erster Vertreter der neuen Baureihe gelangte ab Januar 1950 der 525 zur Auslieferung und trat die Nachfolge des 420 an. Optisch unterschied er sich von seinem Vorgänger auf den ersten Blick durch die abgerundete Motorverkleidung mit einem markanten senkrechten Steg im Kühlergrill. Die betont kantigen Kotflügel dienten zugleich als Beifahrersitze. Im Prospekt pries man die "neue, spielend leichte Ritscher-Autolenkung" an, bei der es sich jedoch um ein Produkt der Zahnradfabrik Friedrichshafen (ZF) handelte, nämlich die schon vom bisherigen Typ 415 bekannte Ross-Lenkung mit schräg stehender Lenksäule. Der gegenüber dem Vorgänger weiterentwickelte MWM-Motor KD415Z leistete 25 PS. Das Getriebe konnte als wichtige Neuerung nunmehr fünf Vorwärtsgänge zwischen 4 und 20 km/h vorweisen. Radstand und Gewicht blieben mit 1 750 mm bzw. 1 550 kg gegenüber dem 420 weitgehend unverändert. Nach der neuen Ritscher-Nomenklatur stand die erste Ziffer der Modellbezeichnung für die Zahl der Vorwärtsgänge, während die hinteren beiden Ziffern nach wie vor die Motorleistung in PS angaben. Der ab April 1950 verkaufte Ritscher 515 verfügte demnach über einen 15-PS-Motor. Der Einzylinder war im

Endgültige Ausführung des Ritscher 540 auf dem Werksgelände (links) und Ritscher 528 nach der Überarbeitung von 1952

Prinzip aus dem Typ 415 bekannt, arbeitete jedoch nach dem Wirbelkammerverfahren und trug daher die Bezeichnung KDW215E bzw. in verbesserter Ausführung KDW415E. In seiner übrigen technischen Ausstattung glich der 515 weitgehend dem 525, wurde jedoch nur für kurze Zeit gefertigt. Dafür ergänzte im Dezember 1950 der 518 das Programm, der als erster Ritscher nicht über ein Getriebe eigener Konstruktion verfügte, sondern über das A-9 der Zahnradfabrik Friedrichshafen mit ebenfalls fünf Vorwärtsgängen, das sich auf den ersten Blick an den flachen Radnaben mit nur sechs Befestigungsschrauben zu erkennen gab. Wegen der fehlenden Spurverstellung verzichtete man beim 518 auf die ausziehbare Vorderachse, so dass die Spurweite lediglich durch Umdrehen der Räder von 1 250 auf 1 500 mm einstellbar war. Für alle Schlepper bot Ritscher eine Doppelblattfederachse der Bergischen Achsenfabrik an. Der 518 wurde anfangs nicht von einem MWM-Motor, sondern von einem Einzylinder der Firma Bauscher angetrieben, die ihren Hauptsitz in Miltenberg am Main hatte und eine Niederlassung in Hamburg unterhielt. Dieser Typ TD18 arbeitete nach dem Wirbelkammerverfahren. Der Hubraum betrug 1 256 cm^3, die Nennleistung 18 PS bei 1 750 U/min. Vermutlich entstanden nur rund zehn Ritscher-Schlepper mit Bauscher-Motoren, denn nach kurzer Zeit konnten die Motorenwerke Mannheim einen geeigneten Antrieb dieser Leistung anbieten. Bei diesem KDWF415E handelte es sich um eine auf 1 478 cm^3 vergrößerte Ausführung des aus dem 515 bekannten Einzylinders, die MWM ursprünglich für Fendt entwickelt hatte, jedoch bald auch an andere Hersteller lieferte. Die Nennleistung von 18 PS wurde bei 1 600 U/min erzielt. Je nach Ausführung bewegte sich der Radstand des Ritscher 518 zwischen 1 640 und 1 665 mm. Das Eigengewicht lag bei 1 345 kg. Eine weitere Neuheit waren die Gleitschutzketten vom Typ H 50 für die im vergangenen Jahr neu erschienenen Reifenprofile. Die Produktionsbilanz des Jahres 1950 weist 393 Schlepper aus, die Zahl der Beschäftigten betrug Ende des Jahres genau 200. Neben der Sprötzer Produktionsstätte betrieb die Firma Ritscher nur noch das Werk Moorburg in kleinem Umfang, wo bis Ende der fünfziger Jahre etwa fünf Leute in der Härterei beschäftigt waren.

Auf der Basis des 525 entstanden 1951 zwei Varianten für den Weinbau. Der Schmalspurschlepper eignete sich mit einer Außenbreite von nur 1 100 mm für die Arbeit zwischen den Weinstöcken, während der Halbraupenschlepper 525 WR mit einer Bodenfreiheit von 1 100 mm und einer Spurweite von 2 000 mm für das Überfahren von zwei Weinstockreihen vorgesehen war, wobei das vordere Einzelrad zwischen den Reihen lief. Daneben zeigte man den Dreiradschlepper 325 mit immerhin 700 mm Bodenfreiheit. Keiner der drei vorgenannten Schlepper ging in Serie, so dass der 325 das letzte Dreirad aus dem Hause Ritscher blieb. Ein Exemplar der Weinbergraupe 525 WR soll nach Frankreich verkauft worden sein. Gegen Ende des Jahres 1951 profitierte der Typ 525 von der Umstellung des MWM-Zweizylindermotors auf das Wirbelkammerverfahren. Im nunmehr KDW415Z genannten Aggregat standen 28 PS zur Verfügung, was zur neuen Verkaufsbezeichnung 528 führte.

Bereits 1950 hatte man erste Geschäftsbeziehungen mit dem in der türkischen Stadt Izmir ansässigen Importeur Etablissiment Edison, Afif A. Sesbes geknüpft, der Interesse an einem stärkeren Schlepper bekundete. Daher stellte Ritscher den 40 PS starken Typ 540 auf die Räder, dessen erstes Exemplar am 10. August 1951 an den besagten Geschäftspartner geliefert wurde. Aufgrund der guten Erfahrungen griff man wieder auf einen MWM-Motor zurück. Beim KDW415D handelte es sich um die 40 PS starke Dreizylinder-Version des im 528 verwendeten Antriebs bzw. eine Weiterentwicklung des 33-PS-Aggregats aus dem selbstfahrenden Grabenreiniger. Dieser Motor wurde von zahlreichen deutschen Herstellern für ihre meist nur in geringen Stückzahlen gebauten 40-PS-Schlepper verwendet. Ritscher gebührt die Ehre, den KDW415D als einzige dieser Firmen mit einem Getriebe eigener Konstruktion verbunden zu haben. Man übernahm das bekannte Fünfganggetriebe aus dem 528, versah es jedoch mit einer verstärkten Hinterachse mit Enduntersetzungen in Portalbauart. Mit der großformatigen Bereifung im Format 13-30 erreichte die langsame Ausführung Fahrgeschwindigkeiten von 3,75 bis 20 km/h, der wahlweise angebotene Schnellläufer lief maximal 28,8 km/h. Die mehrteilige Motorverkleidung passte sich im Stil den kleineren Typen an, jedoch fehlte der markante senkrechte Steg im Kühlergrill. Durch die Portalachse und eine hochbeinige Vorderachse wurde eine enorme Bodenfreiheit erreicht, die dem 2 310 kg schweren Schlepper einen majestätischen Auftritt verlieh. Im Rahmen eines Großauftrags sollen Anfang der fünfziger Jahre rund 80 dieser Giganten den Weg in die Türkei gefunden haben. Auf dem Heimatmarkt hielt sich der Erfolg dagegen in engen Grenzen. Nur in der näheren Umgebung von Sprötze und in Schleswig-Holstein konnten einige Exemplare abgesetzt werden.

Ritscher 540 mit Wittenburg-Frontlader auf der Baustelle

Ritscher 412 mit Bautz-Getriebe und wassergekühltem Einzylindermotor

Dagegen entwickelte sich der Verkauf der schwächeren Typen auch hierzulande recht gut. Vor allem der 525 und dessen Nachfolger 528 erfreuten sich regen Zuspruchs, so dass 1951 bei nur unwesentlich angewachsener Belegschaftsstärke insgesamt 680 Schlepper produziert werden konnten, woran der erheblich gesteigerte Export natürlich nicht ganz unbeteiligt war. Lieferungen erfolgten schon seit dem Vorjahr nach Ägypten, Belgien, Brasilien, Frankreich, Griechenland, Indien, Jordanien, Luxemburg, Schweden, Uruguay, Zypern und in die Türkei

In den bislang erwähnten Motoren verwendete MWM Einspritzpumpen eigener Konstruktion, welche bei den Firmen Deckel und Natter hergestellt wurden. Im Jahre 1952 ersetzte man diese Pumpe im KDWF415E durch eine Bosch-Pumpe. Dadurch stieg die Leistung auf 20 PS und der Motor erhielt die Bezeichnung KDW615E. Durch diese Leistungsspritze entwickelte sich der Ritscher 518 zum 520, der nunmehr den Einstieg ins Ritscher-Programm bildete. Eine weitere Neuerung des Jahres 1952 war die optische Überarbeitung der Schlepper 520 und 528, welche sich fortan durch eine einteilige, nach vorne zu öffnende Motorhaube zu erkennen gaben. Außerdem passte sich das Armaturenbrett jetzt harmonisch an die Form des Kraftstofftanks an und die Kotflügel waren an der Vorderkante stärker nach unten abgewinkelt. 1952 verließen insgesamt 751 Schlepper die Produktionsstätte, obwohl die Zahl der Beschäftigten zum Jahresende auf 153 abgesunken war. Seit 1936 waren bei Ritscher insgesamt 3 431 Radschlepper entstanden.

Anfang 1953 präsentierte Ritscher den neuen Kleinschlepper 412, dessen Antrieb wie gewohnt von den Motorenwerken Mannheim stammte. Dieser wassergekühlte Einzylinder des Typs KD12E gehörte zu einer neuen Baureihe mit kleineren Zylindereinheiten. Er arbeitete nach dem Wirbelkammerverfahren und leistete 12 PS bei 2 000 U/min. Der Hubraum betrug 851 cm^3, die Einspritzpumpe stammte von Bosch. In dieser nach dem Baukastensystem aufgebauten Motorenreihe gab es zudem Zwei-, Drei- und Vierzylinder. Parallel dazu hatte MWM eine Familie luftgekühlter Motoren entwickelt. Ob deren einzylindriger Vertreter AKD12E mit 905 cm^3 und ebenfalls 12 PS bei 2 000 U/min im Ritscher 412 zum Einsatz kam, ist nicht bekannt. Der Modellbezeichnung zufolge verfügte das Getriebe des 412 lediglich über vier Vorwärtsgänge. Ritscher bezog dieses ebenso wie das auf Wunsch lieferbare Mähwerk von der Firma

Bautz, die seinerzeit erfolgreich Schlepper der unteren Leistungsklassen verkaufte. Mit einem Leergewicht von 960 kg war der 412 der bislang leichteste Ritscher-Schlepper. Obwohl er sich recht gut verkaufen ließ, fand er sich schon 1954 nicht mehr im Angebot, so dass vermutlich nur rund 80 Exemplare produziert wurden. Möglicherweise hatte Bautz in diesem Geschäft eine Gelegenheit gesehen, vorrätige Vierganggetriebe an den Kunden zu bringen, um die eigenen Schlepper nur noch mit dem neuentwickelten Fünfganggetriebe auszurüsten. Im mittleren Leistungsbereich stellte Ritscher den 20-PS-Typ vom ZF-Triebwerk auf das bewährte Getriebe eigener Konstruktion um und verkaufte ihn fortan unter der Bezeichnung 528/20. Verschiedene Unterlagen führen den Schlepper auch als Typ 520 R. Gegenüber dem 520 mit ZF-Triebwerk war er mit einem Radstand von 1 575 mm etwas kürzer und mit 1 530 kg fast 200 kg schwerer, bot dafür aber die Möglichkeit der Spurverstellung zwischen 1 250 und 2 000 mm. Eine weitere Neuerscheinung des Jahres 1953 war der 524 mit Zweizylindermotoren der neuen MWM-Baukastenreihe, die aufgrund ihrer Einbaumaße die Verwendung beider Kühlungsarten in ein und derselben Schlepperkonstruktion zuließ. Beide Motoren leisteten 24 PS bei 2 000 U/min. Während der wassergekühlte KD12Z mit einem Hubraum von 1 701 cm^3 nach dem Wirbelkammerverfahren arbeitete, war der luftgekühlte AKD12Z mit 1 810 cm^3 ein Direkteinspritzer mit Verbrennungskammer im Kolben. Der spezifische Kraftstoffverbrauch des letzteren war mit 185 gegenüber 200 g/PSh deutlich günstiger. Mit dem bekannten Ritscher-Getriebe ergab sich bei der höheren Nenndrehzahl der Motoren eine Zapfwellendrehzahl von über 700 statt 540 U/min. Somit konnten Zapfwellengeräte im verbrauchsgünstigen Bereich bei Motordrehzahlen um 1 500 U/min betrieben werden, dafür standen dann allerdings nur knapp 20 PS zur Verfügung. Mit der von den anderen Typen übernommenen Hinterachsuntersetzung lief der 524 über 25 km/h. Der erste Gang war in diesem Fall mit 5,5 km/h für einige Arbeiten zu schnell. Daher bot Ritscher auf Wunsch eine langsamere Untersetzung an, mit der die fünf Gänge den Bereich zwischen 4,5 und 20 km/h abdeckten. Außerdem gab es für die Modelle 528/20, 524 und 528 fortan auf Wunsch einen zusätzlichen Kriechgang, der mit Fahrgeschwindigkeiten zwischen 1,2 und 1,5 km/h beispielsweise die Arbeit mit einem Kartoffelroder ermöglichte. Nicht wenige Ritscher-Fahrer ließen den Kriechgang nachrüsten. Für die sich nach und nach durchsetzenden Anbaugeräte bot Ritscher zunächst wahlweise einen mechanischen Kraftheber der Firma Schröter aus Wolfratshausen oder eine Hydraulik der Marke PENTAX an. Später konstruierte man unter Federführung von Ingenieur Kalbo eine eigene Hydraulikanlage mit Steuergerät und Pumpe von Bosch. Eine weitere interessante Sonderausstattung der Schlepper bestand in einem festen Verdeck mit dreiteiliger Windschutzscheibe, welches bei der in Harburg ansässigen Firma Piotrowski gefertigt wurde. Daneben war ein einfacheres Verdeck der Landmaschinenfabrik Wilhelm Kemper aus Stadtlohn/Westfalen lieferbar.

Trotz der Neuerscheinungen mußte 1953 ein leichter Rückgang der Schlepperproduktion in Kauf genommen werden, zumal sich auch das Exportgeschäft zunehmend schwieriger gestaltete. Dem versuchte man im folgenden Jahr mit weiteren Neuheiten entgegenzuwirken. Der Anfang des Jahres 1954 präsentierte 536 war eine stärkere Variante des

Typ 528/20 mit Ritscher-Fünfganggetriebe

Ritscher 524 L mit luftgekühltem Zweizylindermotor

Ritscher 536 L mit luftgekühltem Dreizylindermotor

Ritscher 536 W mit wassergekühltem Dreizylindermotor

Ritscher 515/54 mit wassergekühltem MWM-Motor

524, von dem er sich durch die wiederum wahlweise luft- oder wassergekühlten Dreizylindermotoren mit 36 PS unterschied. Um Getriebe und Hinterachse nicht mit höheren Drehmomenten zu belasten als beim 528, gab es den 536 ausschließlich mit dem Schnellganggetriebe für mehr als 25 km/h. Der 1,5 km/h schnelle Kriechgang war auch hier auf Wunsch lieferbar. Aufgrund eines geänderten Kupplungsgehäuses übertraf der 524 den 528 trotz des kürzeren Motors im Radstand mit 1 834 mm um über 8 cm. Der 536 verfügte mit 2 013 mm über einen rund 3 cm längeren Radstand als der große 540, war jedoch mit 1 660 kg erheblich leichter. Die größte für den 536 angebotene Bereifung hatte wie beim 528 das Format 11-28. Während der 524 sich neben dem 528 zu einer soliden Stütze des Ritscher-Geschäfts entwickelte, war dem 536 aufgrund der geringen Nachfrage in dieser Leistungsklasse kein so großer Erfolg beschieden.

Nachdem der 412 nicht mehr hergestellt wurde, stellte Ritscher der Öffentlichkeit den ebenfalls 12 PS starken Geräteträger Multitrak vor. Erste Geräteträger hatte es hierzulande bereits in der Vorkriegszeit gegeben. Nach dem Zweiten Weltkrieg griffen zahlreiche Hersteller diese Idee wieder auf, da potentielle Arbeitskräfte zunehmend aus der Landwirtschaft in andere Erwerbszweige abwanderten und vor allem kleinere Betriebe sich nicht in der Lage sahen, die steigenden finanziellen Ansprüche des Personals zu befriedigen. Den Ausweg sah man in der Durchführung mehrerer Arbeitsschritte zugleich von möglichst nur einer Person. Nachdem die Unternehmen Lanz und Ruhrstahl zwei vielbeachtete Geräteträger vorgestellt hatten, beauftragte Karl Ritscher den gerade erst neu eingestellten Konstrukteur Erich Theesfeld mit der Entwicklung einer derartigen Universalmaschine. Herr Theesfeld studierte nicht nur die Technik der Fahrzeuge, sondern auch die eigens dafür entwickelten Anbaugeräte. Der 1954 präsentierte Ritscher Multitrak wurde vom bereits erwähnten luftgekühlten MWM-Einzylindermotor AKD12E mit 12 PS angetrieben. Beim Getriebe handelte es sich um ein Produkt des Passauer Werks der Firma ZF, das A-5 mit fünf Vorwärtsgängen und einem Rückwärtsgang. Ein in der Kupplungsglocke untergebrachtes Vorschaltgetriebe verdoppelte die Zahl der Gänge, so dass bei Vorwärtsfahrt insgesamt zehn verschiedene Geschwindigkeiten von 0,9 bis 20 km/h zur Verfügung standen. An die Einheit aus Motor und Getriebe schloss sich nach vorne der Geräterahmen an, an dem die Vorderachse pendelnd aufgehängt war. Der Radstand ließ sich zwischen 1 680 und 2 500 mm variieren. Neben den beiden Holmen des Rahmens musste dazu nur die Lenkschubstange verstellt werden. Außerdem war das Kabel für die Beleuchtung auf- bzw. abzurollen. Damit sollte sich der Multitrak nicht nur als Geräteträger, sondern beispielsweise auch als kompakter Hofschlepper eignen. Leider zeigte diese gute Idee in der Praxis ihre Tücken. War der Geräterahmen nach Jahren harten Einsatzes verdreckt, korrodiert oder gar verbogen, erschwerte das

Herr Theesfeld führt den 12-PS-Multitrak vor...

sowie den Ritscher 528 mit Anbauraupen

12-PS-Multitrak mit Dettmann-Einbauroder für Kartoffeln und Rüben (oben)

Multitrac 517 GH, die Hochradausführung mit Güldner-Motor

Grabenreiniger GR 540 "Moorburg" mit luftgekühltem Deutz-Motor (unten)

die Verstellung erheblich. Die von den Standardschleppern bekannte Spurverstellung zwischen 1 250 und 2 000 mm wurde beim Multitrak mit einer ausziehbaren Vorderachse und hinteren Verstellfelgen realisiert. Der Fahrersitz ließ sich seitlich verschieben und somit in die für die jeweilige Arbeit zweckmäßigste Position bringen. Recht vielseitig war zudem die Ausstattung mit Zapfwellen. Die Getriebezapfwelle am Heck war auch als Wegzapfwelle schaltbar. Neben einer vorderen Zapfwelle gab es zudem eine Bodenzapfwelle, die direkt von der Nabe eines Vorderrades angetrieben wurde und mit dessen Drehzahl lief. Beim Reifenformat 5.50-16 entsprach das 48,6 Umdrehungen auf 100 Metern zurückgelegter Strecke. Zunächst beanspruchte die Mannheimer Firma Lanz die Schutzrechte für diese Bodenzapfwelle für sich. Karl Ritscher fand jedoch heraus, dass es eine derartige Lösung in den USA schon früher gegeben hatte und konnte sich letztendlich mit Lanz einigen. Analog zu den verschiedenen Anbauräumen war der hydraulische Kraftheber des Multitrak mit einer vorderen und einer hinteren Hubwelle lieferbar. Zu einem wichtigen Zubehör entwickelte sich zudem der Frontlader. Daneben fanden sich in der Aufpreisliste nützliche Extras wie der obligatorische Mähbalken, ein auf die Zapfwelle aufsteckbarer Riemenscheibenantrieb, ein Verdeck sowie eine Ladepritsche, welche wahlweise hydraulisch gekippt werden konnte. Als vereinfachte Varianten des Multitrak entstanden die Standardschlepper 512 und 515/54. Der 512 unterschied sich vom Multitrak lediglich durch die feste Vorderachskonsole anstelle des Geräterahmens und die Motorhaube im typischen Ritscher-Stil. Auf die spezifischen Ausstattungsmerkmale des Geräteträgers wurde naturgemäß verzichtet. Da das ZF-Getriebe A-5 höhere Leistungen verkraftete, ersetzte man den 12-PS-Motor des 512 bald durch den wassergekühlten MWM KDW415E mit 15 PS und verkaufte den Schlepper fortan als 515/54, um Verwechslungen mit dem zu Anfang der fünfziger Jahre gebauten 515 vorzubeugen.

Im Juli 1954 war das Ritscher-Programm so umfangreich wie noch nie und umfaßte sechs verschiedene Standardschlepper im Bereich von 15 bis 40 PS, die zu Preisen von DM 6020 bis DM 12480 mit Mindestlieferumfang angeboten wurden. Der in erster Linie als Universalmaschine für kleine Betriebe gedachte Multitrak kostete DM 5850. Für die Typen 528 und 540 bot Ritscher Anbauraupen eigener Konstruktion an, deren Einsatzgebiet durch die Fortschritte auf dem Gebiet

25-PS-Multitrac mit Frontlader

17-PS-Multitrac mit Güldner-Beschriftung im Ernteeinsatz

Der Autor auf einem Güldner Multitrac

Ritscher 832 Junior mit wassergekühltem Motor

der Ackerluftbereifung jedoch auf extreme Situationen beschränkt blieb. Außerdem sorgte die auf 8 km/h reduzierte Höchstgeschwindigkeit für eine erheblich geringere Bewegungsfreiheit. Nicht zuletzt aufgrund der üppigen Aufpreise von DM 4 300 beim Ritscher 528 bzw. DM 5 200 beim 540 blieb es bei zwei mit Anbauraupen ausgerüsteten 28-PS-Schleppern, von denen einer auf einem Gutsbetrieb für die Rübenrodung eingesetzt wurde, während der andere dem Werk als Begleitfahrzeug bei der Grabenreinigung diente.

Im August 1954 ging schließlich der selbstfahrende Grabenreiniger vom Typ GR 540 bzw. Moorburg in Serie, von dem in den folgenden sieben Jahren 61 Exemplare entstanden. Dabei handelte es sich um eine Weiterentwicklung der seit 1948 vom Werk eingesetzten Maschine. Optisch passte sich der Moorburg dem Stil des großen Schleppers 540 an. In drei Fällen fand sich auch der gleiche MWM-Motor des Typs KDW415D mit 40 PS unter der Haube. Die übrigen Exemplare wurden hingegen von luftgekühlten Deutz-Dreizylindern der legendären Baureihe 514 angetrieben, welche mit knapp vier Litern Hubraum und 45 bis 48 PS etwas kräftiger waren als das wassergekühlte MWM-Aggregat. Mit einer Länge von über vier Metern, einer Höhe von 2,5 Metern und einem Gewicht von rund vier Tonnen war der GR 540 eine beeindruckende Maschine. In Arbeitsstellung lasteten 3 320 kg auf der Hinterachse, von denen das rechte Raupenlaufwerk 2 090 kg, das linke hingegen nur 1 230 kg zu tragen hatte, so dass sich aufgrund der unterschiedlichen Kettenbreiten für beide Seiten etwa derselbe spezifische Bodendruck ergab. Nach wie vor bot Ritscher die Grabenreinigungsschnecke zum Anbau an andere Schlepper wie den mit Anbauraupen ausgerüsteten Fordson Major an. Eine Neuerung der in den Nachkriegsjahren verkauften Grabenreiniger war die am oberen Ende der Schnecke angeordnete Schleuderschaufel zur gezielten Verteilung des Erdaushubs. Um den Jahreswechsel 1954/1955 ergänzte die auf Pontons schwimmende Grabenreinigungsmaschine vom Typ York das Programm, die zur Fortbewegung entweder von einem an Land fahrenden Schlepper oder mit Hilfe einer

Ritscher 936 Super mit wassergekühltem Motor vor gezogenem Mähdrescher

Winde gezogen wurde, welche anfangs von Hand und später hydraulisch betätigt wurde. Das aus Motor und Reinigungsschnecke bestehende Arbeitsaggregat war drehbar auf einem Königszapfen gelagert. Für den Antrieb sorgte zunächst der luftgekühlte VW-Industriemotor, dessen Leistung im Laufe der Jahre von 25 bis auf 31 PS gesteigert wurde. Dieser Antrieb überzeugte mit seinem günstigen Preis und seinem geringen Gewicht von unter 100 kg, verursachte als Benzinmotor jedoch deutlich höhere Kraftstoffkosten als ein gleichstarker Dieselmotor.

Vor allem dem neuen Multitrak war großer Erfolg beschieden, so dass die Verkaufszahlen 1954 gegenüber dem Vorjahr zumindest gehalten werden konnten. Allerdings stellte sich bald heraus, dass die Motorleistung von zwölf PS für die Durchführung mehrerer Arbeiten gleichzeitig zu knapp bemessen war. Mittlerweile war zudem die Aschaffenburger Firma Güldner auf den Multitrak aufmerksam geworden, die nicht nur Schlepper produzierte, sondern die auch zahlreiche andere Hersteller mit Dieselmotoren belieferte. Güldner beabsichtigte die Ergänzung des Programms um einen Geräteträger, der selbstverständlich mit einem eigenen Motor zu versehen war. Das ZF-Getriebe des Multitrak verkraftete ohnehin höhere Leistungen, so dass Ritscher seinen Geräteträger ab 1955 mit dem luftgekühlten 17-PS-Zweizylindermotor des Typs 2LD von Güldner ausrüstete. Dieser Antrieb mit einem Hubraum von 1 305 cm^3 arbeitete nach dem bei Güldner als Wälzkammerverfahren bezeichneten Wirbelkammerverfahren und

Ritscher 528 mit Motorhaube der 1957er Ausführung

verfügte über ein in das Schwungrad integriertes Kühlgebläse. Die Einspritzanlage stammte von Bosch und das Gewicht war gegenüber dem 12-PS-Motor von MWM mit 230 gegenüber 207 kg nur geringfügig höher. Der Kraftstofftank wurde von seinem Platz über dem Motor auf den linken hinteren Kotflügel verlegt. Dafür hatte man das Antriebsaggregat mit einer vorne angeschrägten Verkleidung versehen. Der Radstand war um 5 cm gewachsen. Das Geschäft mit dem neuen Motorenlieferanten beinhaltete die Belieferung des Güldner-Vertriebsnetzes mit kompletten Multitraks. Der 12-PS-Multitrak fiel schon bald mangels Nachfrage aus dem Programm und die ohnehin nur in geringer Stückzahl produzierten Standardschlepper 512 und 515/54 wurden durch den mit dem Güldner-Motor 2LD ausgerüsteten 517 ersetzt. Gegenüber dem 15-PS-Vorgänger mit seinem schweren Einzylindermotor konnte das Eigengewicht des 517 sogar um 70 auf 1 080 kg gesenkt werden. Neben dem neuen Vorderachsträger mit weit vorn daran befestigten Scheinwerfern fiel die Vorderachse der Firma Sauer (SAF) mit integrierter Blattfeder auf. Anstelle der serienmäßigen Bereifung 8-24 waren nunmehr wahlweise die größeren Formate 8-32 und 10-28 lieferbar. Güldner baute seinerzeit übrigens den Typ ALD mit der gleichen Kombination aus Motor, Getriebe und Vorderachse wie beim Ritscher 517, ansonsten aber von recht unterschiedlicher Konstruktion, beispielsweise mit etwas längerem Radstand und weiter vorn liegendem Motor. Ende 1955 änderte Ritscher die Schreibweise des Geräteträgers ohne erkennbaren Grund auf "Multitrac" mit "c" am Ende und nutzte eine Neuordnung des ZF-Getriebeprogramms zu einer Aufspaltung der Palette. Das bisherige ZF A-5 wurde nun unter der Bezeichnung A-5/5 geführt. Mit diesem rüstete Ritscher den hochrädrigen Multitrac 517 GH mit Hinterradbereifung 8-32 aus. Daneben gab es fortan das ZF A-5/6, das zusätzlich zu den fünf Vorwärtsgängen zwischen 2,5 und 20 km/h einen Kriechgang um 1,5 km/h besaß, so dass auf das zweistufige Vorgelege verzichtet werden konnte. Dafür war die Zapfwelle bei dieser Ausführung nicht als Wegzapfwelle schaltbar. Mit diesem Getriebe rüstete Ritscher fortan den preisgünstigeren Multitrac 517 G mit niedriger Hinterradbereifung im Format 7-24 oder 8-24 aus. Auch der 17-PS-Standardschlepper 517 erhielt nunmehr das ZF A-5/6. Nach Produktionseinstellung des gemessen an seiner Motorleistung recht schweren 528/20 bestand das Programm zum Jahreswechsel 1955/1956 aus den beiden Multitracs sowie den Standardschleppern 517, 524, 528, 536 und 540.

1956 ergänzte Ritscher die Palette der Grabenreiniger um den vereinfachten Typ Friesland für den Anbau an Schlepper ab 30 PS. Eine weitere Variation dieses Themas war die mittig am Schlepperheck angebaute Grüppenfräse mit einer kurzen Förderschnecke zur Erstellung neuer Grüppen und zur Reinigung bestehender Grüppen.

Ritscher 517 mit Motorhaube der ab 1957 verwendeten Ausführung

Dieser Ritscher 613 von 1958 stand zum Zeitpunkt der Aufnahme 1997 noch im Einsatz

Im ersten Halbjahr 1956 konnte Ritscher im Bundesgebiet immerhin 301 Schlepper zulassen und damit sein bislang bestes Ergebnis erzielen. Das Ritscher-Volumen war prozentual schneller gewachsen als der Gesamtmarkt, so daß der Marktanteil erstmals seit 1953 wieder über 0,5 % lag. Zu dieser erfreulichen Bilanz hatte der noch taufrische Multitrac den größten Teil beigetragen, während der Absatz in der Klasse über 35 PS seit 1954 bei wachsendem Gesamtmarkt kontinuierlich gesunken war, bis im ersten Halbjahr 1956 nur noch acht Exemplare der Schlepper 536 und 540 zugelassen werden konnten. Dabei war für die Zukunft gerade in dieser Klasse ein steigender Bedarf zu erwarten. Auch mittlere Betriebe beschafften nämlich vermehrt schwere zapfwellengetriebene Geräte wie Mähdrescher, Feldhäcksler oder Pressen, die entsprechende Leistungsreserven erforderten. Darüber hinaus stellten sie jedoch Anforderungen an die Kraftübertragung, die das bekannte Ritscher-Getriebe nicht erfüllen konnte. Daher brachte man Ende 1956 als Nachfolger für den 536 die neuen Typen 832 Junior und 936 Super auf den Markt. Die wahlweise angebotenen luft- und wassergekühlten Dreizylindermotoren KD12D bzw. AKD112D waren aus dem Vorgänger bekannt. Die Leistung gab Ritscher im Fall des 832 Junior mit 32 bis 34 PS bei 1 800 U/min und beim 936 Super mit 36 bis 40 PS bei 2 000 U/min an. Aufgrund des hohen Aufwands für eine umfassende Überarbeitung des eigenen Getriebes oder gar für eine komplette Neukonstruktion bezog Ritscher die Triebwerke wie schon im Fall des Multitrac und der kleinen Standardschlepper vom Werk Passau der Zahnradfabrik Friedrichshafen. Mit den Typen A-10 und A-16 kaufte man eine seinerzeit wegweisende Technik ein. Diese Getriebe verfügten nämlich bereits über Klauenschaltung, bei der die Zahnräder nicht mehr gegeneinander verschoben wurden, sondern sich ständig im Eingriff befanden und zum Einlegen des entsprechenden Ganges nur durch eine kleine Klauenkupplung mit der Welle verbunden wurden. Dadurch waren erheblich geringere Massen zu bewegen, was wiederum das Schalten erleichterte. Für den Betrieb schwerer Zapfwellengeräte war jedoch vor allem die von der Fahrkupplung unabhängige Zapfwelle von Interesse, die über eine separate Lamellenkupplung bedient wurde. Somit konnte man auskuppeln, ohne dass die Zapfwelle stehenblieb, also bei laufendem Gerät anfahren, anhalten oder schalten. Beide Getriebe wiesen fünf Vorwärtsgänge und einen Rückwärtsgang auf. Dazu kam serienmäßig eine konventionell über verschiebbare Zahnräder geschaltete Kriechgruppe, die im Rückwärtsgang sowie in den ersten drei bzw. vier Vorwärtsgängen funktionierte. Somit ergaben sich beim im Ritscher 832 Junior verwendeten ZF A-10 insgesamt 8/2 und beim ZF A-16 des 936 Super 9/2 Gänge. Neben dem schwereren Getriebe unterschied sich der 936 vom 832 durch die erheblich größere Bereifung im Format 11-38 gegenüber 11-28. Die Blechteile bezog man traditionell von der Firma Köver aus Buxtehude. Stilistisch fügten sich die Neulinge nahtlos in die Ritscher-Familie ein, fielen jedoch durch unterschiedliche Kotflügel und eine weit nach vorn über die Vorderachse hinaus verlängerte Motorhaube mit zusätzlichen dreieckigen Lufteinlassgittern auf. Immer mehr Schlepper wurden bereits ab Werk mit hydraulischem Kraftheber ausgerüstet, der den Anbau entsprechend schwerer Geräte am Heck ermöglichte. Unter den langen Hauben war Platz für die dafür notwendigen Ausgleichsgewichte. Derartiger Ballast sorgte unter anderem für das erheblich höhere Gewicht des 936 Super von rund 2 300 kg gegenüber den 1 740 kg des 832 Junior. Auch der mit 2 068 mm um gut 10 cm längere Radstand des 936 verdeutlicht das Bemühen, den Kunden zwei Schlepper von unterschiedlichem Charakter anzubieten, die aufgrund des technischen Aufwands allerdings zu den teuersten Vertretern ihrer Leistungsklasse gehörten. Im Mai 1959 wurde der 832 für DM 12 600 angeboten. Der 936 kostete sogar DM 13 980 und lag damit um DM 230 über dem weiterhin im Programm befindlichen 540. Die Folge war ein äußerst bescheidener Absatz beider Typen von vermutlich nicht einmal 100 Exemplaren innerhalb von drei Jahren. Damit ließ sich ein Rückgang des Marktanteils nicht verhindern. Konnten 1956 im Bundesgebiet 517 Ritscher-Schlepper zugelassen werden, waren es 1957 nur noch 374, wobei sich das Geschäft mehr und mehr auf den Multitrac stützte.

Daher unterzog man 1957 auch die kleineren Standardschlepper einer Überarbeitung. Die Typen 524 und 528 erhielten eine nach vorne verlängerte Motorhaube mit seitlichen Zusatzgittern im Stil des 832 Junior und des 936 Super. Ein geänderter Vorderachsträger verlängerte den Radstand im Falle des 524 um 46 auf 1 880 mm und beim 528 sogar um 150 auf 1 900 mm. Die Leergewichte stiegen geringfügig auf 1 600 bzw. 1 680 kg. Der technisch unveränderte Ritscher 517 erhielt ebenfalls eine neue Motorhaube, welche mit ihrem schräg nach vorn geneigten Kühlergrill die Familienähnlichkeit wahrte und den Motor seitlich nahezu komplett abdeckte. Aufgrund der weiterhin bestehenden Nachfrage nach noch kleineren Schleppern ergänzte Ritscher sein Programm Ende 1957 um den 613 mit 13 PS, den man im Gegenzug zur Belieferung des Güldner-Händlernetzes mit dem Multitrac nahezu komplett aus dem Aschaffenburger Güldner-Werk bezog. Es handelte sich um eine gemeinsame Entwicklung der Firmen Fahr und Güldner, die ihr Debüt 1956 unter den Bezeichnungen Fahr D 88 und Güldner AK erlebt hatte. 1957 fand diese Konstruktion als 2F1 den Weg in das MAN-Programm, um das Angebot in der unteren Leistungsklasse schließlich als Ritscher 613 zu bereichern. Die vier Konkurrenten unterschieden sich in erster Linie durch die unterschiedlichen Motorhauben und Farbgebungen voneinander. Nur die MAN ließ es sich nicht nehmen, eine andere Vorderachse zu verwenden und den Güldner-Motor auf ihr eigenes Verbrennungsverfahren umzustellen. Letzterer verfügte als einer der wenigen Antriebe dieser Leistungsklasse über zwei Zylinder. Es handelte sich um den Güldner 2LKN mit einem Hubraum von 884 cm^3 und einer Leistung von 13 PS bei 2 300 U/min. Die Radialluftkühlung mit Schwungradgebläse und das Wälzkammerverfahren waren vom größeren 17-PS-Typ 2LD her bekannt, allerdings betrug das Gewicht aufgrund der kleineren Abmessungen nur 180 kg. Diesen Antrieb kombinierte man mit dem erst 1956 neu erschienenen ZF-Getriebe A-4, das zwar noch über die konventionelle Schubradschaltung, dafür aber über eine moderne Gangabstufung verfügte. In zwei Gruppen waren jeweils drei Vorwärtsgänge und ein Rückwärtsgang angeordnet. Die insgesamt sechs Vorwärtsgänge deckten den Bereich von 1,5 bis 20 km/h ab und konnten zusammen mit den beiden Rückwärtsgängen über einen einzigen Hebel geschaltet werden. Eine optionale Kriechgangschaltung schuf zusätzlich drei Vorwärtsgänge zwischen 0,7 und 2,2 km/h und einen Rückwärtsgang bei 0,55 km/h. Mit dem Gruppenkonzept erreichte man eine kompakte Bauweise und ein überaus geringes Gewicht von nur 198 kg. Die mit Normdrehzahl von rund 540 U/min oder wegabhängig zu betreibende Zapfwelle zählte zum Serienumfang, Riemenscheibe und Mähantrieb waren optional. Die in Portalbauweise ausgeführte Hinterachse sorgte zusammen mit dem schlanken Gehäuse zwischen dem Getriebe und dem über der Vorderachse angeordneten Motor für eine große Bodenfreiheit, die bei einem Radstand von 1 650 mm ausreichend Platz für den Anbau von Arbeitsgeräten zwischen den Achsen schuf. Diese sogenannte Tragschlepperbauart stellte eine Alternative zu Geräteträgern wie dem Multitrac dar. Allerdings wurde der Zwischenachsanbau nur selten genutzt, da man dafür spezielle Geräte benötigte. Mit einem Leergewicht von 850 kg war der 613 der leichteste Ritscher-Schlepper aller Zeiten. Er machte 1958 und Ende 1959 dieselben Leistungssteigerungen auf 14 PS bei 2 470 U/min und auf 15 PS bei 2 590 U/min mit wie die Pendants von Fahr und Güldner und wurde dabei folgerichtig in 614 bzw. 615 umbenannt. Aufgrund der allgemein rückläufigen Nachfrage in der kleinen Klasse erhoffte sich Güldner von den Lieferungen an Ritscher eine bessere Auslastung der eigenen Fertigungskapazitäten. Diese Hoffnung wurde jedoch ebenso enttäuscht wie die der Firma Ritscher auf eine Steigerung des Marktanteils, denn vermutlich wurden nur rund 50 Exemplare der Typen 613, 614 und 615 verkauft.

Große Erwartungen knüpfte man 1958 an ein Geschäft mit dem Kölner Schlepperproduzenten Deutz. Während Güldner den Multitrac wieder aus dem Programm nahm, zeigten sich die Kölner an dessen Vertrieb interessiert. Zu diesem Zweck wurde die Hochradausführung mit dem luftgekühlten Deutz-Motor F2L712 ausgerüstet. Dieser Zweizylinder mit einem Hubraum von 1 701 cm³ arbeitete nach dem Wirbelkammerverfahren und leistete je nach Einstellung 18 PS bei 2 000 U/min oder 24 PS bei 2 100 U/min. Das Gewicht des in dieser Ausführung D20 oder D20P genannten Multitrac war auf 1 430 kg gewachsen, der Radstand auf 1 880 bis 2 700 mm. Einen Schritt weiter ging der D25M bzw. D25P, der ab 1960 die Multitrac-Palette ergänzte. Er verfügte über den gleichen Deutz-Motor, der hier jedoch auf 25 PS bei 2 150 U/min eingestellt war. Darüber hinaus kam das hochmoderne ZF-Gruppengetriebe A-205 zum Einsatz. Dieses verfügte in zwei Vorwärtsgruppen und einer Rückwärtsgruppe jeweils über vier Gänge, insgesamt also über 8/4 Gänge im Bereich von 1,2 bis 20 km/h. Die Gänge wurden ähnlich wie bei den bereits erwähnten Getrieben A-10 und A-16 über Stiftkupplungen geschaltet. Die Zapfwelle war von 540 U/min auf 1 080 U/min umschaltbar und damit bereits für die erst viele Jahre später erscheinenden 1 000-U/min-Geräte gerüstet. Mit der anstelle der einfachen Fahrkupplung lieferbaren Doppelkupplung ergab sich eine unabhängige Zapfwelle. Die Portalbauart der Hinterachse wurde beibehalten. Dank einer geänderten Kupplungsglocke verkürzte sich der Radstand gegenüber dem D20 um 13 cm auf 1 750

Ritscher Komet R 830 mit 28-Zoll-Bereifung und Aussparung in der Motorhaube für das vordere Zugmaul

Komet R 830 Spezial

bis 2 570 mm. Das Gewicht war um weitere 50 kg auf 1 480 kg gestiegen. Einen leistungsfähigeren Geräteträger konnte seinerzeit nur Eicher mit dem 28 bis 30 PS starken G 280 anbieten. Fendt und Wesseler zogen erst 1961 bzw. 1962 mit 25 PS und vergleichbarer Getriebetechnik nach. Die Multitracs mit Deutz-Motoren wurden sowohl über die Ritscher-Händler als auch über das Deutz-Vertriebsnetz verkauft, wobei man den Deutz-Dieselmotor in der Werbung stets hervorhob. Daneben gab es weiterhin die hochrädrige Variante mit Güldner-Motor, deren Leistung Ende 1959 auf 20 PS bei 2 200 U/min gesteigert wurde, was zur neuen Bezeichnung 520 GH führte. Über den gleichen Antrieb verfügte der ab Ende der fünfziger Jahre angebotene Bau-Multi, eine Baustellenausführung des Multitrac. Dieser verfügte über eine spezielle Bereifung im Format 7.50-15 bzw. 12-18 und das ZF-Getriebe A-5/5 ohne zusätzliche Untersetzung, da auf einen Kriechgang verzichtet werden konnte. Der Radstand war auf 2 150 mm festgelegt, die Spurweite auf 1 500 mm. Zum Lieferumfang zählten eine hydraulisch nach drei Seiten kippbare Mulde und ein Frontlader mit Erdschaufel, mit deren Hilfe die Kippmulde direkt beladen werden konnte. Der Bau-Multi dürfte eine Produktionszahl von 50 Exemplaren nicht überschritten haben, was ebensowenig für eine entscheidende Belebung des Geschäfts sorgte wie die bestenfalls 200 an Deutz gelieferten Geräteträger. Güldner nahm über die Jahre hinweg immerhin 500 von mehr als 2 000 Multitracs ab.

Noch schlechter verkauften sich Ende der fünfziger Jahre allerdings die Standardschlepper. Daher stellte man 1959 nicht nur die Produktion des veralteten Getriebes eigener Bauart und der damit ausgerüsteten Schlepper 524, 528 und 540 ein, sondern nahm auch die erst vor drei Jahren präsentierten Typen 832 Junior und 936 Super aus dem Programm. So blieb neben dem kleinen 615 nur noch der 517, der durch die Leistungssteigerung des Güldner-Motors 2LD auf 20 PS zum 620 wurde. Sechs Vorwärtsgänge hatte der Schlepper schon zuvor, allerdings zählte man den Kriechgang in der Verkaufsbezeichnung erst jetzt mit. In der wichtigen 30-PS-Klasse hatte Ritscher als Nachfolger des 528 den komplett neuen Komet R 830 entwickelt. Anstelle des langhubigen MWM-Motors, dessen Fertigung auslief, verwendete man ein vergleichsweise kleinvolumiges Aggregat desselben Herstellers. Dieser luftgekühlte Dreizylinder des Typs AKD10D holte 30 PS aus nur 1 508 cm³ Hubraum, benötigte dafür aber eine Nenndrehzahl von 3 000 U/min. Er arbeitete nach dem neuartigen Gleichdruck-Vorkammerverfahren mit sehr hoher Verdichtung von 21:1, das für eine weichere Verbrennung und eine gewisse Kraftstoffunempfindlichkeit sorgen sollte, allerdings einen nicht besonders günstigen spezifischen Verbrauch von 205 g/PSh zur Folge hatte. Bemerkenswert war hingegen das geringe Gewicht von nur 180 kg gegenüber 430 kg beim alten 28-PS-Aggregat. Der Motor diente nicht als tragender Teil des Fahrgestells, sondern war in einem Halbrahmen aufgehängt, der Getriebe und Vorderachsträger miteinander verband. Das ZF-Getriebe A-208 war eine verstärkte Ausführung des im 25-PS-Multitrac verwendeten modernen Gruppengetriebes mit Leichtschaltung und insgesamt 8/4 Gängen. Die Normalausführung deckte den Geschwindigkeitsbereich von 1,2 bis 20 km/h ab, die auf Wunsch lieferbare Schnellgangausführung lief maximal 28 km/h. Auch beim A-208 war die Zapfwelle von 540 auf 1 080 U/min umschaltbar und arbeitete bei Ausrüstung des Schleppers mit Doppelkupplung fahrunabhängig. Für das Getriebe waren zwei verschiedene Hinterachsen lieferbar. Die Portalachse kam zusammen mit einer hochbeinigen Vorderachse im Komet R 830 Spezial mit der Bereifung 9-36 und 600 mm Bodenfreiheit zum Einsatz. Der normale Komet R 830 verfügte über eine Hinterachse mit Planeten-Untersetzungen. Mit den auf Höhe der Getriebeeingangswelle liegenden Radnaben ergab sich eine besonders niedrige Bauweise. Bei der Bereifung 11-28 verblieben unter dem Motor dennoch 360 mm Bodenfreiheit, mit dem Format 9-36

Bau-Multi mit Kippmulde und spezieller Bereifung

sogar 400 mm. Neben einer ungefederten Vorderachse kam bei diesem Typ wahlweise die bekannte Doppelblattfeder-Achse zum Einsatz. Der Radstand war gegenüber dem 528 nur unwesentlich auf 1 930 mm angewachsen und das Leergewicht lag je nach Ausführung und Ausrüstung zwischen 1 360 und 1 550 kg. Der höhere Wert verstand sich inklusive der optionalen Bosch-Hydraulik mit Dreipunkt-Kraftheber, womit die 830er zu den leichtesten Vertretern ihrer Leistungsklasse gehörten. Alles in allem hatte Ritscher auch ohne eigene Motoren- und Getriebefertigung einen unverwechselbaren Schlepper geschaffen, den man Ende 1960 zum durchaus konkurrenzfähigen Preis von DM 10 450 anbot. Dennoch nennen verschiedene Quellen nur neun oder bestenfalls 15 von Ende 1959 bis Anfang 1961 verkaufte Exemplare. Da es sich sowohl beim Motor als auch beim Getriebe des Komet R 830 um relativ neue Entwicklungen handelte, blieb dieser interessante Schlepper von Kinderkrankheiten nicht verschont. Neben Undichtigkeiten oder gar Betriebsstörungen des Motors neigten die Steckachsen des Getriebes zum Abbrechen. Unter letzterem Problem litten auch andere frühe Kunden der ZF-Getriebebaureihe A-200 wie Eicher, Fahr und Güldner. ZF merzte den Geburtsfehler bald aus und produzierte die Baureihe A-200 bis Anfang der siebziger Jahre in über 200 000 Exemplaren. Auch MWM ließ seiner Motorenreihe AKD10 den nötigen Feinschliff zukommen und lieferte sie an verschiedene Hersteller von Schleppern und Mähdreschern. Ritscher selbst verwendete den 30 PS starken AKD10D zudem im schwimmenden Grabenreiniger York als sparsamere Alternative zum VW-Industriemotor. Allein in den Komponenten ist der Grund für den Mißerfolg des Komet R 830 also nicht zu suchen, sondern eher in den Konditionen, mit denen die großen Hersteller Kunden und Händler lockten und denen man wenig entgegenzusetzen hatte. Immerhin blieb Ritscher angesichts der geringen Stückzahl eine allzu kostenintensive Nachbesserung der Anlaufmängel erspart. Insgesamt dürften in den Jahren 1960 und 1961 nur knapp 300 Ritscher-Schlepper entstanden sein. Der Anteil des Multitrac daran war so hoch wie noch nie, doch auch der Geräteträger kämpfte mit rückläufiger Nachfrage.

Angesichts solcher Zahlen erwies sich der Bau der Berliner Mauer für Karl Ritscher geradezu als segensreich, da nun viele Westberliner Unternehmen nach geographisch günstiger gelegenen Ausweichbetrieben suchten. So verkaufte Karl Ritscher sein

Werk 1961 schweren Herzens an die BMAG - Berliner Maschinenbau AG, vormals L. Schwartzkopff. Der neue Eigentümer bot Ende 1961 nur die drei Ausführungen des Multitrac an. Die nun GH20 genannte Ausführung mit 20-PS-Güldner-Motor kostete bei Mindestlieferumfang wie der D20P mit 18-PS-Deutz-Motor DM 11 250, der D25P mit 25 PS und ZF-Gruppengetriebe DM 12 500. Bis 1963 wurden unter Regie der BMAG Geräteträger und Grabenreiniger aus großenteils vorhandenen Teilen gefertigt. In jenem Jahr fiel die Schlepper-Reparaturabteilung einem Feuer zum Opfer und wurde daraufhin nicht wieder eingerichtet. Zwei Mitarbeiter waren noch bis 1969/1970 mit der Fertigung des schwimmenden Grabenreinigers York in kleinen Stückzahlen beschäftigt, der vornehmlich nach Osteuropa geliefert wurde. Daneben wurde der York einige Jahre lang von einem japanischen Lizenznehmer weitergebaut, der diesen mit einem Motor eigener Fertigung ausrüstete. Um die Ersatzteilversorgung der Ritscher-Schlepper kümmerten sich bis Anfang der siebziger Jahre die Herren Wendt und Burmester mit ihrem Geschäft unweit der ehemaligen Produktionsstätte in Sprötze.

Mit der Übernahme der Kölner Firma Müller & Schwamborn verlegte die BMAG die Fertigung von Drahtverseilmaschinen aus dem ehemaligen Programm von Müller & Schwamborn nach Sprötze. Dazu entstanden Neuentwicklungen wie eine Reifenlitzenmaschine. Während der Rezession in der zweiten Hälfte der sechziger Jahre geriet die BMAG in wirtschaftliche Schwierigkeiten und beschloss die Stilllegung des Werks Sprötze am 30. Juni 1967. Schließlich kam es aber zum Verkauf an den Berliner Werkzeugmaschinenproduzenten Fritz Werner GmbH, der in den neu gegründeten Konzern DIAG - Deutsche Industrieanlagen GmbH Berlin integriert worden war. Ab 1969 wurden dem Werk Sprötze der Bau und die Weiterentwicklung von spitzenlosen Schleifmaschinen übertragen. Am 1. Januar 1978 ging das Werk an die Fritz Werner Industrieausrüstungen GmbH, Geisenheim/Rheingau über und firmierte fortan unter dem neuen Namen MBS-Maschinenbau Sprötze. Das Fertigungsprogramm wurde auf Kokillengießmaschinen und auf Komponenten für Offset-Druckmaschinen umgestellt. Am 1. Januar 1990 übernahm die MAN Roland AG das Werk im Zusammenhang mit dem Verkauf der DIAG an die MAN AG. Der Name MBS blieb ebenso bestehen wie das Produktprogramm des Unternehmens. Dazu gesellte sich nach einiger Zeit die Fertigung von Papierschneidemaschinen und von Stapelmaschinen. Ende 2001 löste sich die Firma KG Schneider Senator Verkaufs GmbH vom MAN-Konzern. Heute nennt sich das Unternehmen Senator Technology GmbH. Am Betätigungsfeld des Sprötzer Werks mit seinen rund 100 Beschäftigten hat sich wenig geändert. Man beliefert vornehmlich Unternehmen aus der Automobilindustrie mit Gießmaschinen der Marke MBS-Casting Technology. Der Zweig Schneider Senator-Cutting Technology fertigt Schneidemaschinen für das grafische Gewerbe. Alle zwei Jahre kehrt ein Stück Vergangenheit auf das Werksgelände zurück. Dann stellt der heutige Eigentümer den Freunden der Ritscher-Trecker den Werksparkplatz für ihr Markentreffen zur Verfügung. Daneben gibt es auf zahlreichen anderen Veranstaltungen in der Region immer wieder liebevoll restaurierte Ritscher-Schlepper zu bewundern.

Ritscher-Treffen im Mai 1991 auf dem ehemaligen Werksgelände in Sprötze

Serienmäßige Ritscher-Schlepper

Typ	Produktions-zeit	Motor	Leistung PS	Getriebe	G nge v/r	Radstand mm	Eigengewicht kg
Raupenschlepper							
M	1924 - 1926	K mper PM 90/140	24,7	Ritscher	3/1	1465	2193
E	1926 - 1930	K mper PM 90/140	24,7	Ritscher	3/1		ca. 2000
Dreiradschlepper							
N	1936 - 1938	K mper F10B	12	Ritscher	3/1	1765	1140
N 14	1938 - 1942	K mper F10B	14	Ritscher	3/1	1765	1140
N 20	1939 - 1942	Deutz F2M414	20 / 22	Ritscher	3/1	1900	ca. 1250
203 / 320	1940 - 1942 1946 - 1947	Deutz F2M414	20 / 22	Ritscher	4/1	1955	1440
320	1948 - 1949	MWM KD215Z	22 / 24	Ritscher	4/1	1955	1440
Vierradschlepper							
420	1949	MWM KD215Z	22 / 24	Ritscher	4/1	1735	1550
415	1949	MDM KD215E	15	Ritscher	4/1	1575	1350
515	1950 - 1951	MWM KDW215E MWM KDW415E	15	Ritscher	5/1	1575	1350
518	1950 - 1952	Bauscher TD18 MWM KDWF415E	18	ZF A-9	5/1	1640 - 1665	1345
520	1952 - 1953	MWM KDW615E	20	ZF A-9	5/1	1665	1345
525	1950 - 1951	MWM KD415Z	25	Ritscher	5/1	1750	1550 - 1580
528	1951 - 1959	MWM KDW415Z	28	Ritscher	5/1 oder 6/1	1750 / 1900	1590 - 1680
540	1951 - 1959	MWM KDW415D	40	Ritscher	5/1	1980	2310
412	1953	MWM KD12E	12	Bautz	4/1	1533	960
528/20 (520R)	1953 - 1955	MWM KDW615E	20	Ritscher	5/1 oder 6/1	1575	1530
524	1953 - 1959	MWM KD12Z MWM AKD12Z MWM AKD112Z*)	24	Ritscher	5/1 oder 6/1	1834 / 1880	1560 - 1600
536	1954 - 1956	MWM KD12D MWM AKD12D MWM AKD112D*)	36	Ritscher	5/1 oder 6/1	2013	1660
512	1954	MWM AKD12E	12	ZF A-5	10/2	ca. 1650	ca. 1000
515/54	1954 - 1955	MWM KDW415E	15	ZF A-5	10/2	1650	1150
517 **620**	1955 - 1959 1959 - 1960	G ldner 2LD	17 20	ZF A-5/6	6/1	1650	1080
832 Junior	1956 - 1959	MWM KD12D MWM AKD112D	32 - 34	ZF A-10	8/2	1964	1740
936 Super	1956 - 1959	MWM KD12D MWM AKD112D	36 - 40	ZF A-16	9/2	2068	2260 - 2340
613 **614** **615**	1957 - 1958 1958 - 1959 1959 - 1960	G ldner 2LKN	13 14 15	ZF A-4	6/2	1650	850
Komet R 830	1959 - 1961	MWM AKD10D	30	ZF A-208	8/4	1930	1360 - 1550
Geräteträger							
Multitrak 512 G	1954 - 1955	MWM AKD12E	12	ZF A-5	10/2	1680 - 2500	1200
Multitrak 517 G **Multitrac 517 G**	1955 1955 - 1959	G ldner 2LD	17	ZF A-5 ZF A-5/6	10/2 6/1	1730 - 2550	1230
Multitrac 517 GH **Multitrac 520 GH**	1955 - 1959 1959 - 1963	G ldner 2LD	17 20	ZF A-5/5	10/2	1730 - 2550	1260
Multitrac D 20 P	1958 - 1963	Deutz F2L712	18 oder 24	ZF A-5/5	10/2	1880 - 2700	1430
Multitrac D 25 P	1960 - 1963	Deutz F2L712	25	ZF A-205	8/4	1750 - 2570	1480
Bau-Multi	1959 1959 - 1963	G ldner 2LD	17 20	ZF A-5/5	5/1	2150	1400

*) verbesserte Version des AKD12 ab 1955

Der letzte Einsatz von Lanz Traktoren

Rotkohlernte 1991

von Michael Folkers

Bevor auf diesen Einsatz eingegangen wird, ein wenig zur Geschichte der Lanz Traktoren

Die 1859 gegründete Landmaschinenfirma Heinrich Lanz in Mannheim entwickelt sich zum größten deutschen Hersteller landwirtschaftlicher Geräte und Maschinen. Bestandteil des Produktionsprogramms sind zur Jahrhundertwende vor allem Dreschmaschinen und Dampfmaschinen. 1911 baut Lanz den ersten eigentlichen Traktor. Der "Lanz", das ist in vielen Fällen der Anfang der Motorisierung in der Landwirtschaft: Der Lanz zum Bau eines landwirtschaftlichen Schleppers, wie es ihn vorher noch nie gegeben hat. Der Diplom-Ingenieur Fritz Huber hat schon einige Jahre lang Erfindungen auf dem Gebiet des Glühkopfmotors gesammelt, der durch seine Einfachheit bestricht. Er pflegte zu sagen: "Entweder ist eine Landmaschine ganz einfach, oder sie ist keine", und: "Ein Schleppermotor kann gar nicht einzylindrig genug sein". 1921 blubbern die ersten Glühkopf-Schlepper auf dem Mannheimer Werksgelände. Es liegt wohl an der sonderbaren Form des Zylinderkopfes, dass die Arbeiter dem neuen Schlepper den Namen "Bulldog" geben. Der Glühkopf-Motor ist im Verbrauch entschieden günstiger als die damaligen Benz-Motoren, und er ist anspruchsloser als die Diesel-Maschinen. Der Einzylinder-Zweitaktmotor läuft mit Rohöl, Altöl und Pflanzenöl ebenso wie mit zerlassener Butter. Allerdings muss vor dem Start der Glühkopf eine runde Viertelstunde lang mit einer Lötlampe vorgeheizt werden, damit der Motor mit dem Schwungrad angeworfen werden kann. Die wenigen Verschleißteile-Ventile und Steuerungen sind nicht nötig - ergeben niedrige Reparaturkosten und eine lange Lebensdauer. 1928 erhält der Lanz eine revolutionäre Neuerung. Er erhält eine elektrische Anlassvorrichtung, die das mühsame Anheizen des Zylinderkopfes überflüssig macht. Der Umgang mit Lanz ist nun einfacher und sicherer

Lanz Volldiesel, Typ D 5016 mit 50 PS, auf dem Hof der Landwarengenossenschaft in Erftstadt-Bliesheim

geworden. Trotzdem kann die Lötlampen-Prozedur schon mal zu einem Scheunenbrand ausarten. Im Lanz Bulldog Programm von 1928-1955 werden Ackerschlepper-Straßenzugmaschinen der unterschiedlichen Leistungsklassen von 20-55 PS angeboten. Legendär wird 1936 der Eil-Bulldog mit 55 PS, der hauptsächlich als Zugmaschine für Schnelltransporte und schwerste Lasten genutzt wird. Ausgesprochen elegant wirkt der Eil-Bulldog mit Cabrio-Verdeck.

Ab 1952 werden die Glühkopfmotoren, die längst nicht mehr zeitgemäß sind, durch Mitteldruckmotoren ersetzt, die sogenannten "Halbdiesel", die mit Benzin gestartet und dann auf Dieselbetrieb umgeschaltet werden müssen. Die Halbdieselmotoren stellen jedoch nur eine Zwischenlösung dar. Bis 1955 werden neue Volldieselmotoren entwickelt. Dies ist zugleich die letzte Entwicklungsstufe des Lanz-Motors. Nach wie vor wird jedoch an dem überholten Konzept des liegenden Einzylinder-Zweitaktmotors festgehalten. Dieses Festhalten an dem veralteten, den Ansprüchen an Bedienungsfreundlichkeit und Komfort nicht mehr entprechenden Konzept, bringt die Firma Lanz schließlich in große Schwierigkeiten. Im Jahre 1956 erwirbt die amerikanische Landmaschinenfirma John Deere die Aktienmehrheit von Lanz, was das Ende dieser renommierten Firma bedeutet. Trotzdem wird der Lanz-Bulldog nie ganz "vergessen". Das liegt unter anderem daran, dass viele Landwirte mit ihrem Lanz bis weit in die siebziger Jahre arbeiten, wohl aus Gründen der Wirtschaftlichkeit. Und viele Menschen erkannten bereits das Besondere und den Wert der Lanz-Bulldog. So zum Beispiel die Firma Stollenwerk aus Kerpen-Blatzheim, die ihre Lanz-Traktoren bis 1991 als Zugmaschinen im Ernteeinsatz nutzt. Auf dem Hof dieser Firma ste-

hen Anfang der neunziger Jahre noch über 40 Lanz aller Leistungsklassen und Bauarten, also vom Glühkopfmotor mit 38 PS bis zum Volldiesel von 60 PS.

Der letzte Einsatz der Volldiesel

Es ist schon lange her, dass Lanz-Volldiesel für einen Ernteeinsatz benötigt wurden, schließlich sind diese Maschinen bereits über 36 Jahre alt. Von der Technik her robust und sehr wirtschaftlich, angetrieben von nur einem einzigen, liegenden Zylinder, der so groß ist wie ein Wassereimer. Der Motor leistet 50 PS bzw. 60 PS. Im Oktober 1991 soll es in Erftstadt-Bliesheim zu einem letzten Einsatz von Lanz-Volldiesel der Typen D 5016 und D 6016 der Baujahre 1954 bzw. 1955 kommen. Am Samstagvormittag, dem 19. Oktober 1991 stehen insgesamt acht schwere Lanz auf dem Hof der Landwarengenossenschaft Untere Erft EG in Erftstadt-Bliesheim. Ausgeliehen werden die Maschinen von der Firma Stollenwerk in Kerpen-Blatzheim für einen dreitägigen Ernteeinsatz von Rotkohl auf drei Feldern in Bliesheim. Das ist schon eine kleine Sensation, solche Oldtimer unter den Landmaschinen bewundern zu können. Dementsprechend groß ist das Interesse der Bliesheimer Bevölkerung. Viele Menschen können sich an den Lanz-Traktoren nich sattsehen bzw. -hören! Ein Fan macht sogar Tonaufnahmen von den im Stand laufenden Motoren! Montagmorgen um 07:00 Uhr werden die Maschinen angelassen. Welch ein Lärm! Die ersten Lanz fahren durch den Ort Bliesheim ins Feld. Das Geräusch dieser Motoren kann man eigentlich nicht so richtig beschreiben, so etwas muss man selbst hören, um es dann nie mehr zu vergessen. Es ist ein knallendes, blubberndes Geräusch, um es einmal so zu erklären. Kilometerweit können die Bliesheimer die Fahrt der Lanz-Volldiesel mit den Ohren verfolgen, selbst bei der eigentlichen Arbeit im Feld sind sie nicht zu überhören! Der Rotkohl wird abgeschnitten und auf einen Spezial-Ernteanhänger verladen. Ist der Anhänger nach ca. einer Stunde voll, geht es zurück durch die Felder in den Ort Bliesheim zur unteren Erft. Der Rotkohl wird dort auf dem Hof der Landwarengenossenschaft auf schwere 40 t Lastwagen umgeladen, dann geht es sofort wieder zurück ins Feld.

Insgesamt dauert der Einsatz dieser Oldtimer bis zum Mittwoch, dem 23. Oktober 1991. Dann sind die drei großen Felder abgeerntet, die Lanz-Traktoren können noch einmal zeigen, dass sie trotz ihres hohen Alters noch lange nicht zum alten Eisen gehören, und das bei zehn Stunden Arbeitszeit täglich.

Lanz Volldiesel, Typ D 6016 mit 60 PS

Leider ist das der letzte Einsatz dieser Art. Per Gerichtsurteil wird dem Verleiher, der Firma Stollenwerk, für die Zukunft untersagt, den Lanz-Volldiesel weiterhin zu fahren. Grund: die extrem hohe Lärmbelästigung. Ständige Beschwerden der Anwohner in Kerpen-Blatzheim hatten das Urteil begründet.

Erinnern wir uns daher noch einmal an den letzten Einsatz von Lanz-Traktoren in Oktober 1991, als für ganze drei Tage die fünfziger Jahre nach Bliesheim zurückkamen!

Technische Daten

Lanz Typen	**D 5016, 50 PS** **D 6016, 60 PS**
Motor:	wassergekühlter Zweitakt Dieselmotor von Lanz mit lastabhängigem Drehzahlregler
Kraftstoff:	handelsübliche Dieselkraftstoffe
Verbrauch:	durchschnittlich 3,5-5,0 l/Std.
Bohrung:	190 mm
Hub:	260 mm
Hubraum:	7,35 l (10,03 l)
Drehzahl:	630 U/min (800 U/min)

Weitere empfehlenswerte Bücher des Podszun-Verlags

Fordern Sie kostenlos und völlig unverbindlich unseren neuen Prospekt an mit Büchern über:

- Lastwagen
- Motorräder
- Autos
- Traktoren
- Feuerwehrfahrzeuge
- Lokomotiven
- Baumaschinen

Verlag Podszun-Motorbücher
Postfach 1525, D-59918 Brilon
Email info@podszun-verlag.de
www.podszun-verlag.de
Fax 02961 / 9639900

134 Seiten, ISBN 3-86133-348-1
21 x 28 cm, fester Einband
EUR 19,90

144 Seiten, ISBN 3-86133-316-3
21 x 28 cm, fester Einband
EUR 19,90

32 Seiten, ISBN 3-86133-349-X
21 x 30 cm (Bilderbuch)
EUR 11,90

144 Seiten, ISBN 3-86133-308-2
21 x 29 cm, fester Einband
EUR 19,90

144 Seiten, ISBN 3-86133-323-6
21 x 29 cm, fester Einband
EUR 19,90

144 Seiten, ISBN 3-86133-340-5
21 x 28 cm, fester Einband
EUR 24,90

144 Seiten, ISBN 3-86133-355-4
21 x 28 cm, fester Einband
EUR 24,90

144 Seiten, ISBN 3-86133-278-7
21 x 29 cm, fester Einband
EUR 19,90

144 Seiten, ISBN 3-86133-326-0
21 x 28 cm, fester Einband
EUR 29,90

151 Seiten, ISBN 3-86133-347-3
21 x 28 cm, fester Einband
EUR 24,90

180 Seiten, ISBN 3-86133-356-2
21 x 28 cm, fester Einband
EUR 29,90

ESW
A 474